天外有天 科普丛书

载人航天工程

——人类蓄志闯苍穹

吴 沅 编著

U0198309

上海科学技术文献出版社
Shanghai Scientific and Technological Literature Press

图书在版编目（CIP）数据

载人航天工程/吴沅编著．—上海：上海科学技术文献出版社，2017

（天外有天科普丛书）

ISBN 978-7-5439-7531-6

Ⅰ.①载… Ⅱ.①吴… Ⅲ.①载人航天—普及读物 Ⅳ.①V4-49

中国版本图书馆 CIP 数据核字 (2017) 第 193902 号

责任编辑：于学松
特约编辑：石　婧
封面设计：龚志华

丛书名：天外有天科普丛书
书　名：载人航天工程——人类蓄志闯苍穹
吴　沅 编著
出版发行：上海科学技术文献出版社
地　　址：上海市长乐路 746 号
邮政编码：200040
经　销：全国新华书店
印　刷：常熟市人民印刷有限公司
开　本：650×900　1/16
印　张：9.5
字　数：90 000
版　次：2017 年 11 月第 1 版　2017 年 11 月第 1 次印刷
书　号：ISBN 978-7-5439-7531-6
定　价：25.00 元
http://www.sstlp.com

目　录

开　头　的　话

古往今来，飞离地球、遨游太空是人类的梦想。在中国古代流传着"人鸟一体""嫦娥奔月"等传说，在西方则有关于飞毯的种种美谈，人类用富有激情和超凡的想象力，描绘着瑰丽绚烂的飞天梦。

1961 年 4 月 12 日，苏联航天员加加林第一次飞向宇宙空间，实现了人类数千年的飞天梦想；1969 年 7 月 20 日，美国航天员阿姆斯特朗成为月球的第一位访客，震惊了全世界；2003 年 10 月 15 日，中国航天员杨利伟飞向太空，实现了炎黄子孙的飞天梦。

诚然，美国航天飞机"挑战者"号、"哥伦比亚"号相继魂断九天，酿成了航天史上的不堪噩梦。但噩梦不能阻止人类向宇宙空间进军的步伐！相反，为了探索宇宙的更多奥秘，开辟人类更广阔的生存空间，人类不仅在宇宙中建造了空间站，并且开始筹建月球基地，移民火星等多种设想也受到了更广泛的关注。

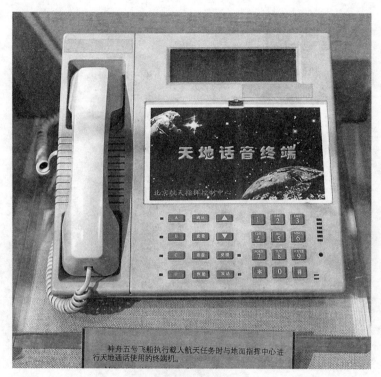

通话终端机

航天摄像机

一、人类探索太空的历程

（一）"航天"与"航空"有何不同

航天和宇航有着不同的含义。科学家钱学森是这样定义的：

"在太阳系以内飞行叫'航天'，到太阳系以外的银河系去飞行叫'宇航'。"

因此，我们现在绝大多数的空间活动，都属于"航天"范畴。于1977年先后发射的"旅行者1号"和"旅行者2号"，它们正在进行的是宇航飞行。因为，据资料介绍，"旅行者1号"和"旅游者2号"在分别完成和超额完成了行星探测任务后，已经或即将飞出太阳系，向宇宙的深空飞去，开创了人类进行"宇航"的新时代。回过头来再谈谈"航天"与"航空"。

"天"是指地球大气层以外的宇宙空间，或称外层空间、太空。

"空"是指地球表面以上的大气层空间。

但目前在国际上还没有划分"天"与"空"的界线,亦即没有给"天"和"空"作出明确的定义。有些科学家提出以距地面100千米为界,在此之上为"天",在此之下为"空"。但也有不同的看法,有些科学家认为以距地面75千米或85千米为空。

1. 航天

航天是人类冲出大气层到外层空间的航行活动,或称宇宙航行。主要包括环绕地球的飞行,飞往月球或太阳系内其他星体的航行和飞出太阳系的恒星际航行等。航天活动需要有运载火箭、航天飞机、载人飞船(货运飞船)以及各种探测器、人造卫星、空间站等来完成。

因此,"航天"是"载人或不载人的航天器在太空的航行活动"。广义地说,"航天"是指人类探索、开发和利用太空——包括地球以外的形形色色的天体的活动;狭义地说,航天是一门技术,是用于探索、开发和利用太空的高技术。

航天活动可按不同标准划分为不同的领域:

按活动主体可划分为人造(地球)卫星、载人航天和深空探测。人造(地球)卫星一般包括应用卫星和科学技术试验卫星两类,它们绕地球运行在一百多千米到几万千米高度的轨道上。载人航天是指有航天员参与的飞船、空间站或航天飞机等飞行活动。深空探测一般是指航天器飞行在不以地球引力场为主引力场的轨道上的航天活动,例如月球探测、火星探测等。

按活动性质可划分为空间技术、空间应用和空间科学。空间技术主要是指以验证航天技术为主的航天活动,如技术试验卫星;空间应用主要是指利用航天器直接服务于人类的生产生活,比如通信卫星、遥感卫星等;空间科学指利用航天技术开展科学研究,例如月球探测、行星际探测等。

2. 航空

航空则是人类利用航空器在地球大气层内的活动,主要利用飞机、飞艇、气球等航空器来完成。航空活动与航天活动之间有许多区别。

(1)飞行环境不同

航天器是冲出稠密的大气层后在近于真空的宇宙空间飞行,其运行轨道的近地点高度至少也在 100 千米以上。而航空器都是在稠密的大气层中飞行,其飞行高度最大也只有 30 千米,而且航空器离不开大气层。

(2)飞行原理不同

航天依靠火箭动力飞行(不需要空气),其飞行由火箭发动机提供动力。而航空器是依靠空气动力克服自身重力升空的。

(3)飞行速度不同

航天最根本的条件是要具有足够的速度,以克服或摆脱地球引力或太阳引力。从地面发射的航天器要飞出大气层进入环绕地球的轨道,理论上必须达到 7.9 千米/秒的第一宇宙速度,而要进入太阳系,理论上必须达到 11.2 千米/秒的第二宇宙速度。而若要摆脱太阳引力进入银河系,理论上必须达到 16.6 千米/秒的第三宇宙速度。航空器的飞行速度,相比航天器来说低得实在太多了,航空器的飞行速度一般仅为声速(340 米/秒)的几倍。

（4）工作时间不同

航天器在轨道上持续飞行的时间可以很长。以航天飞机来说,可以在轨道上飞行 7～30 天,并以 1.5 小时围绕地球飞行一圈;作为空间站的航天器则飞行时间更长,如"和平号"空间站就在太空整整飞行了 16 年,而"先驱者 10 号""旅行者 1 号""旅行者 2 号"等航天器在太空飞行的时间就更长了。但航空器绝对飞行不了那么长的时间,最长的飞行时间不超过一昼夜。

（5）升降方式不同

航天器的发射方式基本上是垂直发射的,在完成发射过程时,运载火箭还应按程序掉头、转向和逐级脱离,最终将航天器送入预定轨道运行。而航空器的升空是从滑跑到离开地面,然后爬升到安全高度开始飞行(直升机除外),其机身不会竖起,更不会到垂直竖起的程度。

（二）载人航天的目的

开展载人航天活动绝不只是为了欣赏天上的美景,而是要进一步探索宇宙奥秘,更好地开发太空资源,从而为人类造福。太空资源是太空中天然存在的或是航天器进入太空后自然产生的资源,也是航天器面世以来才能得以开发利用的一种资源,是地球表面和稠密大气层中不具备的。随着航天技术的迅猛发展,大型空间站的建立,人类在开发利用太空资源中取得了突破性的进展。与此同时,利用空间站进行商业化活动,不仅是人类文明发展的必然趋势,也是人类探索空间,利用空间站为人类自身服务的必然趋势。人类凭借已有的科学技术手段,已经发现了太空中存在的环境资源、能源资源、信息资源、矿产资源……单单这些资源,就足以激发起人类开发太空的欲望了。

1. 太空资源

（1）环境资源

对人类有直接关系的环境资源主要有高真空、高洁净和微重力。

高真空　在距地面 900 千米的高空中,其大气压力只有一百亿分之一毫米汞柱(在地面上为 760 毫米汞柱)。当位于月球外层空间时,大气压力仅为一百万亿分之一毫米汞柱,如此高的真空度,在地面上是无法实现的,即使将来有一天能够达到,其成本也会高得吓人。

高洁净　在地球表面的大气层中,每立方厘米中含有 1 万兆个氮分子和氧分子,而在太阳系宇宙空间每立方厘米只有 0.1

个氢原子。这是一种无与伦比的高洁净环境,没有污染,没有病毒和细菌,是微生物制品的绝妙试验场所和生产场所。因此,可以认为高真空和高洁净是进行许多科学实验,发展航天技术,生产电子产品和高级药品的理想环境,尤其是对人类的航天活动具有极其重要的价值。

微重力 同样是太空中特有的资源,微重力是人类从事新材料和新产品加工的一种有利的环境资源,也是细胞、蛋白质晶体生长与培养的理想环境。实验证明,在微重力环境中制造出的特殊材料,性能稳定,即使运回地球,性能也不会改变,预计微重力环境在不久的将来会被人类广泛利用。

（2）能源资源

太空中的能源资源主要是太阳能和矿物能。太阳是由氢和氦按 3∶1 的比例混合而成的巨大火球,每秒钟释放出的能量,相当于 500 多万吨煤完全燃烧后产生的热量。如此巨大的太阳能,若加以利用会给人类带来无穷无尽的福音。经过科学家研究探索,在太空中建造太阳能电站,电力通过微波传输系统送到地面,就能充分利用太阳能资源。

试验表明,若在距地面约 3.6 万千米的地球同步轨道上建有太阳能电站,各有一块面积为 15 平方千米和 30 平方千米的砷化镓光电池帆板,当它们面向太阳时能产生 800 万千瓦·时的电力,除去损耗,仍会有 500 万千瓦·时的电力输向地面。照此计算,只需 100～200 座这样的太空太阳能电站,就可满足我国的用电需求了。

在月球上还有近百万吨核燃料氦－3,用这些燃料发电,按地球上人类现有的消耗水平,可使用几十万年至几百万年,只要我们每年从月球运回数十吨氦－3,其聚变所产生的能量,即可满足全球所需的电能。当然,太空能源不仅仅就这些。可以深信,随着航天技术的进一步发展,人们一定会发现和利用更多的太空能源。

(3) 信息资源

人类利用太空信息资源的历史,几乎和人类文明史一样悠久。古人根据太阳、月亮、地球位置的变化制定了历法。此外,太空信息还是航海家必不可少的资源,北极星等恒星提供的方位信息,可帮助航海家判明自己的位置,以免迷失在茫茫大海中。20世纪90年代以来,太空遥感技术出现了空前繁荣的景象,应用领域不断扩大,随着航天技术手段的不断更新,太空信息资源的深度开发和利用的时代为时不会太远。

除此以外,太空资源还包括低温、强辐射、行星资源等。

2. 太空对人类的贡献

正是由于太空中有着如此丰富的资源和无限广阔的空间,因此它对人类最大的贡献是:

(1) 提供天然的科学实验室

太空中可以进行各种各样的科学实验,特别是高新技术的研究和试验。科学家们分析,在太空中可以进行空间地学、生命科学(包括人体生物学、医学、辐射生物学、重力生物学)、天文学、材料科学、海洋学等的研究实验。太空被称为"万能实验室",更是孕育新科技的"摇篮"。

苏联和后来的俄罗斯在"礼炮号"和"和平号"空间站上进行过医学、生物医学、生命科学、新材料等方面的大量科学试验;美国在航天飞机上也进行了大量的类似试验,如1985年4月,华人科学家王赣骏在"挑战者号"航天飞机上进行了他自己设计的"微重力下的液滴状态试验",美国黑人女航天员和日本女航天员进行的青蛙和青鳟鱼的产卵、孵化试验,等等。即使在"哥伦比亚号"失事前的最后一次为时16天的飞行中,7名航天员还完成了试管培植细胞、动物孵化、火焰燃烧等80余项科学试验。十几年来,我国在返回式卫星上及"神舟号"飞船上也进行了大量的科学试验,如进行太空生长砷化镓试验,使中国在大功率微波元器件和大规模集成电路应用方面取得了突破性进展。

(2) 太空果菜园

在太空果菜园中种植庄稼,无需除草和喷洒农药,所以没有污染,生产出的蔬菜和水果非常洁净。当然,太空果菜园的管理是全部自动化的,只需在"控制室"操纵按钮,就可对作物全程监控。俄罗斯的"和平号"空间站上曾经有一个太空温室,面积有900平方厘米,播种了数十种不同品种的"太空种子"。在太空失重条件下,播种的小麦70~90天即可成熟,而所有的农活均由机器人承担。美国的太空实验室和航天飞机上也进行过种植松树、燕麦、绿豆等植物,在失重条件下,生长不受抑制而且蛋白质含量增大,这说明在太空中种植农作物可以提高质量。

太空果菜园中,植物可以在沙土或泡沫中生长,只要有水、养分和支撑,就可以在失重条件下存活、发育和生长,而且风调雨顺,季季高产。我国在太空育种方面取得的成就也是名列前茅的。已先后进行过近百种植物品种的太空试验,如"太空椒87-2"新品系果型大、维生素C含量高、早熟,抗病虫害能力强,最大的一个太空椒可达500克以上,经过多年的大面积栽培,高产优质性仍能保持稳定。2002年4月在"神舟三号"飞船上搭载了兰花、无核葡萄苗等10余种植物苗。2003年1月,再次在"神舟4号"飞船上进行太空育苗实验。航天西红柿"大东新1号"也是从天外归来的种子,成熟后果肉较硬、耐储存,在自然条件下可保鲜20天以上,营养物质含量比普通西红柿高出5%,抗病性也极好! 随着太空育种技术的不断发展,更多太空育种食品会成为未来的绿色食品。美国科学家们正在酝酿建造太空植物园计划。设想将太空植物园制造成圆筒状,直径4.2米,长13.7米,同空间站一起在太空轨道上运行。如果哪一天,太空植物园真能出现,而你如果有机会到太空去旅游的话,可别忘了去太空植物园观赏,甚至品尝果蔬啊。

(3) 太空制药厂

在太空建造的药厂,是生产药品的理想场所。早在20世

80 年代，美国科学家就认为"我们正处在一个太空制药工业诞生的时代"，并预计在 20 世纪末就将有 15 种太空药物问世。目前在太空生产的药物已远超 15 种。

在太空生产的药物经过临床应用证明能有效治愈多种疑难疾病。如尿激酶，这是一种抗血栓制剂，能预防和治疗心肌梗死；干扰素是一种抗病毒和治疗癌症的药物；生长激素，能刺激骨骼的生长，用于治疗侏儒症；抗胰蛋白酶，能延缓肺气肿的发展，增强癌症的化疗效果；抗血友病因子，用于治疗血友病；红细胞生长素，治疗贫血；胰腺 B-细胞，用于治疗糖尿病；表皮生长素，用于治疗烧伤，等等。此外，利用液体材料在微重力条件下能够形成理想球体而生产出来的弥散胶乳珠已投放市场，成为第一批太空药物商品。这种胶乳珠在医学和科研工作上有广泛的作用，如可用于测量人体肠壁孔径以研究癌症，测量人眼孔径研究青光眼。胶乳珠曾在"挑战者号"航天飞机上生产过，已被美国度量衡局定为样板，用于医疗和科研设备的检验标准。美国麦克唐纳·道格拉斯和约翰父子公司也准备投资几百万美元建造一座由地面遥控操作的太空制药厂。曾经在航天飞机上进行的几次可行性试验表明，用电泳法工艺在太空环境中分离细胞制取生物制剂，在纯度上要比地面高出 4～5 倍，在速度上要快几百倍。他们原计划把一个重 40 吨的遥控太空制药厂送入轨道，然后再用航天飞机定期回收太空制药厂的产品，并补充产品原料。这个首开先河的太空药厂或因航天飞机的下马，未能如愿以偿实现既定的计划。不管怎样,未来更大规模的各类制药厂将会不断地在太空中涌现应该是没有疑问的。

中国的"太空药厂"东方红航天生物产业化基地,早已在2001年就成立了,基地建在北京怀柔。与真正建在太空的药厂不同的地方在于它是利用发射太空飞船的时机研制新药。亦即采用航天生物搭载、筛选而成的。2001年在该基地已研制成功第一批航天药品——"天曲"系列产品并投放市场用于防治心脑血管疾病。国际医学界认为该系列药物是迄今研究最深入,机理最明确,功效最能肯定的降脂药物。"天曲"系列产品之一"他汀-硒"复合体,与同类产品相比没有不良反应,尤其适合治疗中国人的血脂疾病,从而一举跻身于世界领先水平行列。除此以外,抗癌药物"紫杉醇"和口服胰岛素等一批具有国际竞争力的新药,也陆续在"太空药厂"中生产出来。

(4) 太空加工厂

美国著名科普作家阿西莫夫曾预言:"我们能够设想,21世纪将是地球上的工业系统逐步升迁到空间轨道上去的时代。"果然不出阿西莫夫莫夫所料,现在人们已经看到了高科技给太空工厂带来的曙光。2003年2月,日本曾向外宣布,他们在太空中制成了当时世界上最大的高温超导材料。由日本无人宇宙实验系统研究机构和超导工学研究所开发的这种材料,是一个底面直径为12.7厘米的圆柱体。它是搭乘人造卫星在距地面500千米的轨道上制成的,在微重力的太空中能制造出性能极佳的超导材料。若在地面上制造,即使超导材料的直径最大,由于受重力影响,性能只相当于 3 厘米的材料。据专家们介绍,日本制成的直径为 12.7 厘米的超导材料,意味着世界上最强的磁铁已经诞生,因为超导材料直径越大,磁性就越强。

在太空"工厂"中熔炼激光玻璃,也具有极佳的效率。因为在失重的环境中,如果在熔化的钢水中加入氢气,氢气在钢水中均匀扩散,冷却后即为泡沫钢。用同样的方法可以制成泡沫铝、泡沫玻璃、泡沫陶瓷等泡沫材料,它们具有重量轻、强度高的性能,是一种具有特殊用途的理想材料。

(5)太空采矿正在兴起

据报道,美国已经出现计划发展太空采矿业的机构,该机构计划投资进行太空采矿的前期勘探工程。计划发射一艘名为"近地球行星勘察号"的无人探测器,这艘探测器将在环绕太阳运行的某一颗小行星上着陆,进行遥控勘探矿产,并通过仪器将探测到的照片和其他资料传回地面控制中心,科学家们利用这些传回的资料就能分析小行星上贵金属和稀有金属等的分布情况。美国航天界还预言,在不久的将来,人们一定能亲临其他星球去采矿,就地冶炼成地球上需要的各种材料。离地球最近的月球,科学家已在月球上找到近百种矿物。名不副实的水星,可能"滴水不存"但却是一个货真价实的"大铁球",含铁量达 2 万亿亿吨,占水星质量的 60%。如果每年开采 8 亿吨,足够人类开采 2 400 亿年,太诱人了! 再看看小行星,上面的矿物也是撩人心扉,比如"1986EB"和"1986DA"这两颗小行星上蕴藏着极为丰富的镍和钛。甚至有的行星上遍藏金矿和钻石矿!

(三) 人类航天的里程碑

在人类几十年的航天活动历程中,已经发射了数千颗航天器,其中有数百颗至今仍在轨道上工作。在取得一系列里程碑式成功的重要航天活动中,反映出的是人类探索太空的艰辛执著和辉煌的历程。

1. 第一颗人造地球卫星

1957年10月4日,在苏联哈萨克荒漠的一个角落里,一枚火箭顶部载着一颗直径只有58厘米的铝制圆球,奇迹般地升上了太空。这颗圆球就是人类发射的第一颗人造地球卫星——"人造地球卫星1号"。这颗卫星重83.6千克,装着一只化学电池、一只温度计、一台双频率的小型发报机和4根鞭状天线。尽管这颗"小星"在天空中不过逗留了92天,但它却"推动"了整个地球,具有划时代的重大意义。"人造地球卫星1号"标志着人类航天实践活动的开端,人类从此开始了走出地球、大踏步地挺进太空的时代。

2. 月球探测

从 1959 年开始,苏联发射了多颗月球探测器。"月球1号"探测器第一次近距离掠过月球,获得了在距月球约 5 000千米远处拍摄的照片。"月球 3 号"探测器史无前例地绕到了月球的背面,它发回的照片使人类第一次看到了月球背面被陨星撞击得满目疮痍的景象。1998 年,美国"月球勘探者号"探测器进行了环月考察,证实了月球上存在丰富的矿藏和氦-3资源,还推断月球两极存在储量达上亿吨的水冰,为人类开发月球带来了福音。

3. 火星探测

苏联于 1962 年 11 月发射了第一颗火星探测器"火星1号",标志着人类的太空活动已开始从地球附近向整个太阳系扩展。1975 年,美国的"海盗号"着陆器成功着陆火星表面,使人类第一次看到了这颗红色行星的真实面目。目前,美国的"勇气号""机遇号"与"好奇号"等火星车还在火星表面驰骋,为人类进一步开发利用火星收集了大量的资料。迄今为止,人类所发射的探测器已探测了太阳系中所有的八大行星,以及彗星和小行星,其中有的已经越出海王星的轨道,前往银河系中更遥远的星际空间:这些探测活动极大地拓展了人类对宇宙的认识!

4. 第一次载人飞行

1961年4月12日,苏联"东方1号"飞船载着27岁的苏联空军少校尤里·加加林飞向太空,进行了108分钟环绕地球的太空旅行。这是人类历史上第一次载人航天飞行,加加林成为人类造访太空的第一人,迎来了人类载人航天飞行的新时代。

5. 第一次载人登月

1969年7月21日,美国航天员阿姆斯特朗等乘坐"阿波罗11号"飞船登上了月球。阿姆斯特朗在月球上踩下人类的第一个脚印,由衷地慨叹:"对一个人来说,这是一小步,但对人类来说,却是跨出了一大步。"此后,美国又进行了6次载人登月活动,5次获得成功。美国共有12名航天员登上月球,开展了大量的科学技术试验,带回380余千克月球岩石土壤样品,为进一步研究月面提供了条件。"阿波罗计划"成了人类航天史上最成功的项目,产生了巨大的社会效益和经济效益。

6. 第一个空间站

1971年4月19日,苏联成功发射了世界上第一个试验性载人空间站——"礼炮1号"空间站。载人航天活动由此进入到规模较大、飞行时间较长的空间应用探索与试验阶段。苏联一共发射了7座"礼炮号"空间站。1977年9月29日发射上天的"礼炮 6 号"空间站,在太空飞行近 5 年,共接待 18 艘"联盟号"和"联盟 T 号"载人飞船。1982 年 4 月 19 日,"礼炮 7 号"空间站进入轨道飞行,先后接待了"联盟 T 号"飞船的 11 批 28 名航天员,其中包括第一位进行太空行走的女航天员萨维茨卡娅。"礼炮 7 号"空间站载人飞行累计达 800 多天,直到 1986 年 8 月才停止载人飞行。

7. 第一次空间交会对接

1975 年 7 月,苏联的"联盟 19 号"飞船和美国"阿波罗号"飞船,在太空中成功对接,进行联合飞行,共同执行两国宇宙开发合作计划。通过电视转播,全世界数以亿计的观众目睹了来自两国的两位太空使者相拥的历史画面。当对接舱的舱门打开之后,苏联"联盟 19 号"飞船的航天员列昂诺夫和美国"阿波罗号"的航天员斯坦福德热烈握手,列昂诺夫还用英语对斯坦福德说:"很高兴见到你。"在当时冷战背景下实现这次被称作"太空握手"的太空交会对接,在政治上产生了积极的影响,是值得载入史册的。

8. 第一次航天飞机飞行

1981 年 4 月 12 日,正值世界第一名航天员加加林上天 20 周年纪念日,美国发射了可以重复使用的太空运载工具——"哥伦比亚号"航天飞机。

在万众瞩目中"哥伦比亚号"遨游太空 54.5 小时后安全着陆。航天飞机的第一次飞行取得了成功！航天飞机曾经辉煌一时，也确实对人类航天事业的发展作出过重大贡献，有不少科学家把"阿波罗号"载人登月看作是太空时代的第一座里程碑，而把航天飞机的正式飞行列为太空时代的第二座里程碑。但是随着航天事业的迅猛发展，存在于航天飞机身上的隐患被逐渐暴露出来。"挑战者号""哥伦比亚号"航天飞机的两次失事，使 14 名航天员罹难太空，这血写的教训打碎了环绕在航天飞机身上的光环！航天飞机从昔日的辉煌快速滑落下来，如今已退出历史舞台。

9. 第一座大型空间站

"和平号"空间站，是世界上第一座大型空间站。先后由苏联、俄罗斯发射上天的，人称第三代空间站。它是在太空进行组装扩建的多复合舱段的长期载人空间站。它由 1 个称为"核心舱"的主舱（1986 年 2 月 20 日发射进入太空）和 5 个实验舱组成。这 5 个实验舱是用于天文观察的"量子 1 号"舱，用于观测地面和出入太空的"量子 2 号"舱，号称"太空工厂"的"晶体"舱，大气研究的"光谱"舱和"自然"舱。主舱自然舱可对接 2 艘载人飞船和 1 艘货运飞船。与"联盟号"载人飞船、"进步号"无人飞船组成了"和平号"空间站，长 50 余米，总质量达 123 吨，总容积 470

立方米。"和平号"原设计寿命5年,实际在太空运行了15年,共环绕地球飞行8万圈,先后与31艘"联盟"系列飞船、62艘"进步"系列无人货运飞船,以及9架次美国航天飞机实现了对接,12个国家的134名航天员在站上生活和工作过。开展了包括生命科学、材料科学、空间制备、遥感技术、天文观测、对地勘查等领域大量卓有成效的科学技术试验和实验研究。1995年3月22日,俄罗斯航天员波利亚科夫从"和平号"空间站返回地面,创造了在太空连续飞行438天的纪录,美国女航天员露西德也在"和平号"空间站内创造了188天女航天员在太空生活的最高纪录。

考虑到已超期服役很久的"和平号"空间站整体设备趋于老化,综合评估了维护和继续运行的利弊得失,更考虑了维持飞行的安全性问题,专家们作出了停止运行的决定。"和平号"空间站通过精确计算,采用人为控制的方式使其脱离原有运行轨道,逐渐降低高度,最终于2001年3月23日在预定的时间和预定的运行弧段,进入地球稠密大气层,其主体部分被烧毁,残余部分坠入南太平洋水域,光荣地结束了使命,许多人为此感到很惋惜。

10. "九重天上的联合国"——国际空间站

国际空间站是当前正在运行的国际合作的大型长期载人空间站。由美国、俄罗斯、欧空局、日本、巴西等16个国家和地区共同建设。可以说,这是人类航天史上规模极为宏大的航天计划。

国际空间站的建造分三个阶段进行。

第一阶段(1994～1998年)——准备阶段。1994～1998年,美、俄两国完成航天飞机与"和平号"空间站的9次对接飞行。美国航天员累计在"和平号"空间站上工作2年,取得了航天飞机与空间站交会对接以及在空间站上长期进行生命科学实验、重力科学实验和对地观测的经验。

第二阶段(1998～2001年)——初期装配阶段。1998年11月20日,俄罗斯用"质子号"火箭将国际空间站的第一个部件——"曙光号"多功能货舱发射入轨,拉开了国际空间站在轨装配的序幕。到2001年7月12日,美国和俄罗斯等国经过航天飞机、"质子号"火箭等运输工具15次的飞行,完成了国际空间站第二阶段的装配工作。

第三阶段(2001～2011年)——最终装配和应用阶段。2011年5月,"奋进号"航天飞机将国际空间站的最后一个组件运到太空,航天员通过出舱活动,完成了空间站的组装,标志着长达13年的国际空间站建造工作正式完成。

国际空间站总质量约438吨,长108米、宽88米、轨道高度397千米,可载6人。国际空间站结构复杂,规模大,由航天员居住舱、实验舱、服务舱、能源舱、桁架、太阳能电池帆板等组成。国际空间站设计寿命为10～15年,采用"边建造、边应用"的模式,其上的基础研究工作从2000年已经开始。根据美国的建议,国际空间站的使用寿命至少延长到 2024 年。

11. 第一个飞出太阳系的探测器

美国国家航空航天局(NASA)网站 2013 年 9 月宣布,1977 年发射的"旅行者 1 号"空间探测器已经进入星际空间。这是目前为止离地球最远的人造飞行器,也是第一个进入星际太空的人造物体,标志着星际探索新时代的到来。爱德华·C.斯通博士是"旅行者"项目的首席科学家,是"旅行者 1 号"最权威的发言人。他认为"旅行者 1 号"已经飞出了太阳系,它已经飞出由太阳创造的大气泡了。我们知道,太阳风建立了一个巨大的气泡,太阳吹出的太阳风(从太阳射出的带电粒子流)让气泡鼓起来。在气泡内部,等离子体主要来自太阳;在气泡外部,等离子体主要来自其他恒星。目前,"旅行者 1 号"已经在气泡外部了,但现在还没有飞到整个太阳系的外部,还停留在太阳系的边缘。"旅行者 1 号"飞出太阳系之后,我们就可以测量等离子体密度,它比在气泡中大了 100 倍。因此,证明"旅行者 1 号"是否已飞出太阳系的科学依据是,当我们发现等离子体密度大大增加时,说明我们已经在气泡外了,亦即在太阳系外面了。此举有着巨大的科学价值,它可以帮助我们了解太阳风和来自其他恒星的等离子体之间是如何相互作用的。因为,科学家发现当外部压力变化的时候,气泡也在变化。气泡内外的压力是一种平衡。除了"旅行者 1 号"之外,还有先前发射的"旅行者 2 号",它们是姊妹探测器。"旅行者 2 号"预计 2016 年后也能飞出太阳系。

（四）近年来世界载人航天一览

近年来,尤其是 2014 年,世界载人航天活动出现了一些新亮点,但也发生了几次重大事故。

1. 美国有喜有忧

（1）国际空间站

NASA 将国际空间站的使用寿命至少延长至 2024 年。美国称,国际空间站的延寿将有助于 NASA 及其他航天机构实现众多关键目标,使国际空间站的价值最大化。国际空间站航天员与 NASA 先进技术中心（ATC）的工程师们验证了天地协同控制国际空间站机器人的技术,这是远程协同控制机器人技术的首次验证试验。取得这项技术突破,使航天员与机器人共同在深空工作成为可能。

NASA 利用新型激光通信装置成功地从国际空间站向地球传送高清晰度视频,这一技术演示可能有助于颠覆未来深空任务的通信方式,可以满足未来火星等任务中研究人员的需求。该演示名为"激光通信科学光学载荷",仅用 3.5 秒就完成了传送,而用传统技术下载至少需要 10 分钟。

国际空间站磁谱仪-2（AMS-2）项目团队公布了最新研究成果。其测量表明，暗物质可能存在。暗物质碰撞产生过的量正电子有6个特征，其中开始点、上升速率、最高点等5个特征都已被磁谱仪-2测量到，最后1个特征就是要测量正电子产生率会不会突然下降。该项目首席科学家丁肇中说，如果正电子产生率会很快下降，一定是暗物质跟暗物质对撞产生正电子，因为暗物质能量有限，达到一定能量以后就不可能再产生正电子，所以会突然下降。

　　"猎鹰-9v1.1"火箭成功将"龙"飞船送入太空，执行国际空间站第3次货运补给任务。该飞船装载了2.3吨货物，包括一套新航天服、航天服替换配件、急需的食品、机器人航天员-2的双腿、一群配对的苍蝇、私人包裹以及供150多项科学实验使用的设备等。其中有"蔬菜生产系统"，用于观察红叶生菜苗能不能在太空里好好生长；此外，还有蛋白质晶体测试及其他太空科学进步中心（CASIS）科学项目、空间激光通信系统、啦啦队科学项目、微型手机卫星等。美国太空探索技术公司发布。第二代"龙"飞船又叫载人型"龙"飞船，这是首个由私营公司推出的载人飞船，一次最多可运送7名航天员前往空间站。根据NASA和太空探索技术公司的规划，载人型"龙"飞船有望在2017年正式飞往太空。据马斯克介绍，它可以返回地球并能像直升机一样精确地降落在任何地面，并且能快速地重复使用，只需要重新注入推进剂就行。

"猎鹰-9v1.1"火箭成功地将"龙"飞船送入太空,执行国际空间站第4次货运补给任务,其中包括首台微波炉大小的3D打印机。首台太空3D打印机由美国太空制造公司研制,使用热塑性(ABS)塑料(即生产乐高积木的材料),用于对在太空制造零件和工具进行验证测试,可以打印 10 cm×5 cm 大小的物品。它装在空间站微重力科学操作箱(MSG)内,打印了第一批工程测试样品(21 个),然后将这些样品和3D打印机送回地面。2015年将一台商用3D打印机再次送到国际空间站并永久安置,以制造更多材料或者更大外形尺寸物品,为降低太空探索所需要的时间、财力和火箭发射次数,开启太空制造时代。

(2)"猎户座"一路顺风

"猎户座"乘员舱与"阿波罗"指令舱相近,但体积更大。它高约3.35米,宽5米,质量为21.3吨,内部空间比"阿波罗"大2.5倍,并可重复使用10次。"猎户座"已进行过多次成功的功能性测试,将有助于确保"猎户座"成为执行未来火星等深空任务的下一代航天器。美国计划在2017年进行一次发射中止测试,以验证飞船的逃逸系统;在2018年执行"猎户座"无人环月飞行任务,它将由"航天发射系统"新型火箭发射,绕月球飞行大概3个星期;其载人飞行将在2021年进行。最终它将能够载4名航天员进行至少持续21天的深空飞行任务。

(3)遭遇失利

一是美国轨道科学公司(OSC)发射了3艘"天鹅座"货运飞

船,其中第 3 艘因火箭故障发射失败。该火箭发射 6 秒后第一级发生爆炸,火箭连同飞船坠落地面后再次爆炸,飞船与火箭俱毁。该次爆炸对沃洛普斯岛上的发射设施造成了一定的损坏,但未造成人员伤害。此次是 NASA 开展太空飞行商用计划项目以来发生的第一次大事故,损失超过 2 亿美元,事后,轨道科学公司和 NASA 马上开始对事故原因进行深入调查。

二是"太空船 2 号"机毁人亡。美国斯卡尔德复合技术公司为英国维珍银河公司研制的"太空船 2 号"亚轨道空间旅游飞行器,在加利福尼亚州莫哈维地区完成了第 3 次超声速飞行试验。该飞行器先由"白骑士 2 号"航空飞机送入 14 千米的高空释放;然后,"太空船 2 号"的火箭发动机随即启动并工作了约 20 秒,使它首次爬升到了 21.6 千米的新高度,速度突破了音障,达到 1 715 千米/小时;最终在莫哈维航空航天港 3 660 米长的跑道上降落。但在 2014 年 10 月 31 日,"太空船 2 号"在试验中坠毁,一名飞行员遇难,另一名飞行员受伤,损失达 5 亿美元。维珍银河公司原计划生产 5 架左右的"太空船 2 号",打造全球第一个航空港,并计划在 2015 年进行首次亚轨道商业飞行,但此次事故的发生恐令其商业太空旅行计划会无限期延后。

2. 俄罗斯动静不大

2014 年,俄罗斯成功发射了 5 艘"进步"系列货运飞船,向国际空间站运送了总计约 10 吨的货物。并成功发射了多艘"联盟"系列载人飞船,向国际空间站运送 12 名航天员:俄罗斯 6 名,美国 4 名,欧洲 2 名。并有多名航天员顺利完成出舱任务。发射的 5 艘货运飞船分别是"进步 M-20M"货运飞船,"进步 M-21M"货运飞船,"进步 M-22M"货运飞船,"进步 M-23M"货运飞船,"进步 M-24M"货运飞船。采用的运载火箭是"联盟-U"火箭。而 M-25 货运飞船由"联盟-2.1a"火箭发射成功,使其与国际空间站对接。发射的多艘载人飞船是"联盟 TMA-10M""联盟 TMA-IIM""联盟 TMA-12M""联盟 TMA-13M""联盟 TMA-14M"载人飞船,"联盟 TMA-15M"载人飞船,均由联盟-FG 火箭发射成功。"联盟 TMA-15M"载人飞船送入国际空间站的航天员中有一位女性——欧洲女航天员萨曼塔·克里斯托弗雷蒂。

3. 欧洲货运飞船谢幕

"阿里安-5"火箭成功地将 ESA 的"乔治·勒梅特"自动转移飞行器-5 送入太空。该飞行器是 ESA 第 5 艘也是最后 1 艘货运飞船,为国际空间站送去总共 6.6 吨补给。国际空间站第 42/43 长期考察组,乘"联盟 TMA-15M"载人飞船进入太空,并于当天与国际空间站对接。同时上天的还有首台太空咖啡机——"空间站咖啡机"它由意大利航天局(ASI)、意大利咖啡生产商拉瓦扎以及一家航天公司共同制造。在微重力条件下工作的咖啡机有一些特殊之处,所以整台机器非常复杂,质量约 20

千克。克里斯托弗·雷蒂可能是第一名在太空喝上真正意大利咖啡的航天员。

4. 日本投入不小

日本文部科学省宇宙开发相关小组汇总意见称,到2024年为止,日本应一直参与国际空间站计划。据了解,该小组在此前的讨论中称,通过参与国际空间站计划,日本获得了人类逗留太空的各种技术,并在太空开发领域确立了国际地位。另一方面,该小组也指出,由于耗资超过8 000亿日元(约合人民币500亿元),有必要努力提升运用效率并提高性价比。日本山梨大学还宣布,用在国际空间站保存了9个月的真空冷冻干燥实验鼠精子进行人工授精,成功产下了"太空实验鼠"。

5. 印度继续进步

印度地球同步轨道卫星运载火箭Mk3发射,成功将无人乘员舱送入太空。这次飞行试验对印度运载火箭和载人航天的发展均具有重要意义。该火箭升空至126千米时,乘员舱与火箭分离,并在发射20分钟后降落到孟加拉湾海面,完成了相关试验,测试了乘员舱再入技术,验证了减速降落伞顶罩分离技术和展开技术等。乘员舱顶部为黑色,底部为棕色,质量约3.7吨,底部直径3.1米,高2.7米:顶部和侧面覆盖了中密度烧蚀材料,可容纳 2～3 位航天员,未来将用于印度的载人航天项目。

6. 世界第三的中国"月宫一号"

"月宫一号"是我国建立的第 1 个、世界第 3 个生物再生生命保障地基有人综合密闭实验系统,它使我国在生物再生生命保障领域的研究水平跨入国际最先进行列,对保障我国载人登月、月球基地及火星探测等航天计划的顺利进行,保障航天员生命安全和生活质量具有重大意义。

航天飞行指挥中心

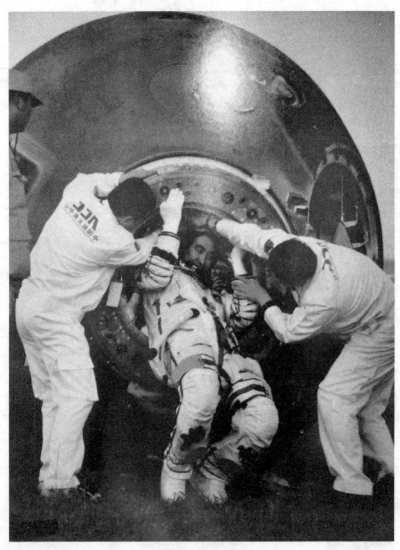

"神舟七号"返回舱

二、载人航天驶入快车道

（一）打造重型火箭

现在,美国、俄罗斯等国,把载人航天的目标都瞄准了月球、小行星和火星。为此,首先要研制出能发射深空载人飞船的重型运载火箭。载人登月飞船一般在 50 吨左右,其奔月时的速度要求为 10.9 千米/秒,因此必须用近地轨道运载能力在 60~120 吨的重型运载火箭才能发射,发射载人小行星或火星飞船则需要运载能力更大的重型运载火箭。当年美苏竞争载人登月时苏联败给美国,最重要的原因就是苏联研制的 N1 重型火箭 4 次发射均以失败告终。

在重型运载火箭的研制方面,美国私营公司——太空探索技术公司(SpaceX)一马当先,于 2011 年 4 月 5 日率先宣布了研制"重型猎鹰"的计划。起飞推力为 1 700 吨。该火箭近地轨道运载能力达 53 吨,每次发射成本预计为 8 000 万至 1.25 亿美元。它虽然无法一次发射月球任务所需的所有设备,但可以分批发射各种不同设备。"重型猎鹰"首次从美国加州范登堡空军基地发射,随后的发射任务将转往佛罗里达州纳维尔角进行。

SpaceX 还在考虑研制更为强大的火箭——"超级载重火箭",运载能力将达到 170 吨。借助于这种火箭,无论是重返月球、进军火星或者其他更远天体都没任何问题。该公司已与 NASA 签署一份合约,探索研制"超级载重火箭"的可能性。

2011 年 9 月 14 日,NASA 也正式对外公布了美国新一代重型运载火箭"太空发射系统"的方案。该火箭的研制采取了一种渐进式发展模式,其初始方案的近地轨道运载能力为 70 吨,改进后将达到 130 吨,可用于向近地轨道及更远的空间发射多用途乘员飞行器和大型有效载荷,以满足载人登陆小行星、载人进入火星轨道等深空探测的任务需求,和国际空间站商业乘员运输系统的备份运输工具。

"太空发射系统"芯级直径为 8.38 米,采用航天飞机主发动机 RS‑25D/E,初始运载能力 70 吨的重型火箭使用 3 台,改进后运载能力 130 吨的重型火箭使用 5 台。其上面级由 1 台 J‑2X 氢氧发动机提供动力。初始运载能力的火箭采用 5 段式航天飞机固体火箭助推器,改进后运载能力的火箭采用固体或液体助推器,目前多种助推器方案还在论证过程中。其首次试射计划在 2017 年。

我国发展重型运载火箭的初步总体方案：近地轨道运载能力130吨，具备一次发射将3人以上有效载荷送上月球，并从月球安全返回。

2015年12月22日9时29分（北京时间），SpaceX发射并回收了"猎鹰9号"火箭，这是人类第一个可实现一级火箭回收的轨道飞行器。这是该公司在历经十多年努力和数十次失败之后，再一次创造了历史！

火箭发射回收有多难？曾有专家形容，相当于把一支铅笔发射过帝国大厦，然后让其旋转返回，最后在风暴中安稳着陆。这几乎是不可能的事，但被SPaceX实现了。正如我国航天专家所说："火箭回收成功，具有里程碑式的意义，能够极大降低人类通往太空的成本，如果火箭第一级能重复使用，可降低80%成本，如果火箭第一、第二级均可重复使用，可减少98%～99%的成本。说它具有里程碑式的意义并不为过，但要从成功到成熟还有很长的路要走。"

（二）研制新型飞船

目前，美国、俄罗斯正在研制新型宇宙飞船，其中新型载人飞船的共同特点是：

用途广 一船多用，可以飞返空间站、月球、小行星和火星；

可以重复使用　目前的宇宙飞船都是一次性使用的,所以成本高,可重复使用 10 次的载人飞船可以大大降低成本;

运载能力大大增强　每次可以运送 4～7 人。美国洛马公司正在研制的"猎户座"多用途乘员飞行器采用类似"阿波罗"飞船的舱段构型,尤其是其乘员舱和"阿波罗"飞船的指令舱异常相似,为圆锥形,只是舱内空间比"阿波罗"指令舱大一倍。"猎户座"采用太阳能电池帆板供电,所以功率大,时间长。"猎户座"由服务舱、乘员舱、发射异常中断系统以及飞船适配器组成,拟于 2018 年以后投入使用。

洛马公司拟用两艘对接在一起的"猎户座"进行载人登陆小行星。这两艘"猎户座"同时发射,其中一艘是载人的主"猎户座"飞船,另一艘是携带绝大部分的消费品。在到达小行星上空时,一名航天员穿舱外航天服出舱,并通过载人机动装置漂浮到小行星上采集样本,用科学仪器进行实验;另一名航天员留在舱内进行指挥。任务完成后,出舱航天员回到载人的主"猎户座",然后主副"猎户座"飞船分离,载人的主"猎户座"飞船发动机点火返回地球,无人的副"猎户座"飞船继续进行小行星的科学观测。采用两艘"猎户座"飞船对接的方案可以节省大量的时间和成本。

美国波音公司正在研制乘员航天运输——100 飞船。该飞船外形类似于锥形的"阿波罗"或"猎户座"飞船,但体积比"猎户座"稍小,比"阿波罗"稍大,能够乘坐 7 人。

美国其他的新型宇宙飞船由私营公司研制,采用商业运输模式运营,具有效率高、成本低、功能强、周期短等特点,用于满足近地轨道天地往返,如 SpaceX 研制的"龙"飞船已于 2012 年 5 月 25 日首次与国际空间站对接,送去了一些货物。"龙"飞船分为载货型和载人型两种,所以既可运货物,也能运乘员。

俄罗斯正在研制"新一代载人航天运输系统",首次载人任务计划在 2018 年进行,它能运载 6 人和 500 千克货物到近地轨道。它易于改装成不同组合,有"绕地型"和"月球型"两种。其乘员舱拟采用可重复使用的防热瓦。而美国的"猎户座"防热材料采用"阿波罗"时期的烧蚀性绝热系统。俄罗斯还曾宣布将研制核动力宇宙飞船,这种飞船配置的核反应堆功率将达兆瓦级,能降低飞船发射和运行时的能耗,满足载人火星探测、星际旅行和为国际空间站提供服务的需要。

(三) 太空游横空出世

说起到太空去旅游,不少人以为这是梦想,其实它已经开始变为现实。从 2001 年世界第一名太空游客——蒂托乘俄罗斯飞船上天并进入国际空间站开始,已有 8 人次到太空旅游。

俄罗斯还拟开展太空行走旅游和月球旅游。另外,美国和俄罗斯都在计划建造太空旅馆,计划 2020 年前运营。关于太空旅游,在本书第四部分有比较详细的介绍。

神舟九号天宫一号

"神舟九号"返回舱

三、"神舟"遍开胜利花——中国的载人航天工程

载人航天是一个充满激情、充满想象、充满风险的事业。它需要决心、勇气和创造，更需要严谨细致的科学态度。有人提出，中国作为一个发展中国家，要不要搞载人航天？能不能搞载人航天？中国载人航天如何起步？当千年飞天梦想终于如此真切地展现在我们面前时，针对这些最基本的问题，必须要有科学的论证。

（一）"921"工程

1986年4月航天领域专家组成立。其主要使命是对我国载人航天工程的必要性和可能性及载人航天技术的总体方案和具体途径进行全面论证。1992年9月21日上午，时任中共中央总

书记的江泽民在北京中南海怀仁堂主持了中共中央政治局十三届常委会第 195 次会议,审议我国发展载人航天问题,并正式批准了《关于开展我国载人飞船工程研制的请示》。此次会议决定我国载人航天从发展飞船起步,"921"工程由此得名。

"921"工程包含七大系统,其核心是运载火箭和载人飞船。"921"工程一期计划发射 6 艘飞船,均以"神舟"命名,在技术上实现由无人飞船发射过渡到飞船安全载人并返回。"神舟"两字由江泽民亲笔题写。

根据中央的要求,会议后成立了"921"工程办公室,任命了载人航天工程的总指挥、副总指挥、总设计师、副总设计师等组织者。中国载人航天由此掀开了崭新的一页。

(二) 标识、名称正式公布

中国载人航天工程自 2011 年 4 月起,面向社会公众开展了广泛的征集活动,共收到名称作品 10 万余件。标识作品 9 000 余件。结合组委会提交的凝聚公众智慧和专家共识的征集结果,中国载人航天工程办公室广泛征求了工程领导、专家和研制人员意见建议,并反复研究,最终对外正式发布了中国载人航天工程标识及中国载人空间站、货运飞船名称。中国载人航天工程标识分为中文标识和英文标识("CMS"为"中国载人航天"英文"China Manned Space"的缩写）。

中国载人空间站整体名称及各舱段和货运飞船共 5 个名称如下：载人空间站命名为"天宫"，代号"TG"；核心舱命名为"天和"，代号"TH"；实验舱 1 命名为"问天"，代号"WT"；实验舱 2，命名为"巡天"，代号"XT"；货运飞船命名为"天舟"，代号"TZ"。

中国载人航天工程办公室负责人称，工程标识主造型既像一个汉语书法的"中"字，又类似空间站的基本形态，尾部的书法笔触似腾空而起的火箭，充满中国元素和航天特色，结构优美、寓意深刻。而命名空间站整体名称及各舱段和货运飞船等 5 个名称，既注重了单个名称的内涵，又强调了保持全套名称的系统性、协调性和互补性。

（三）系 统 的 组 成

中国载人航天工程由工程总体和航天员、空间应用、载人飞船、空间实验室、运载火箭、发射场、测控通信、着陆场 8 个系统组成。载人航天必须有航天员的参与，这就需要有航天员及其医监医保、选拔培训等人员和设施组成的航天员系统；载人航天的最终目的是要实现有人参与的空间应用，因而空间应用系统不可或缺；航天员往返太空和地面所用的载体是载人飞船，称为载人飞船系统；空间实验室系统以及以后建立的空间站是空间应用的主体；飞船、空间实验室以及空间站升空所用的运载工具，称为运载火箭系统；而火箭的发射又需要发射场系统的支持；火箭及载人航天器发射升空后，测控通信系统成为天地之间的联系纽带；载人飞船遨游太空之后要返回地面，所以需要有着陆场系统提供保障。

（四）分 三 步 走

1992年6月底完成的《载人航天工程技术经济可行性论证报告》，确定了中国载人航天工程采取"三步走"的发展战略：

第一步，在2002年以前，发射两艘无人飞船和一艘载人飞船，建成初步配套的试验性载人飞船工程，开展空间应用实验。即将航天员送入预定轨道，并使航天员安全返回地面，实现我国载人航天的历史突破。第一步已经胜利完成。

第二步，计划在2007年左右，突破载人飞船和空间飞行器的交会对接技术，并利用载人飞船技术改装、发射一个8吨级的空间实验室，解决有一定规模的、短期有人照料的空间应用问题。2008年9月25日21时10分至28日17时37分（北京时间），虽然只是短短的2天又20小时27分钟，但在中国的载人航天史上又树起了一座里程碑。"神舟七号"载人飞船使中国人第一次在浩瀚的太空中印上了自己的脚印，从那一刻起，中国成为继美国、俄罗斯之后世界上第三个实现太空行走的国家。航天员翟志刚以自己在太空中跨出的一小步,迈开了中国人探索太空的一大步。"神舟七号"载人飞船,是实现第二步的开局。之后,2011 年 11 月,"神舟八号"不载人飞船和"天宫"一号目标飞行器成功实现我国载人航天史上的首次交会对接,突破了自动交会对接技术;2012 年 6 月 29 日,我国首次载人交会对接任务圆满完成,"神舟九号"飞船 3 名航天员:景海鹏、刘旺和刘洋在完成预定飞行任务后,安全返回主着陆场。"神舟九号"飞船载人飞天,不但又一次成功验证了自动交会对接技术,而且首次成功实现手动交会对接。通过两次太空飞行,全面验证了载人飞船与在轨飞行器在太空交会对接的两种方式。两次交会对接任务的成功实现,对于中国载人航天未来的发展,特别是对今后空间站的建设奠定了良好的基础。2013 年 6 月 26 日 8 时 07 分,"神舟十号"载人飞船返回舱在内蒙古主着陆场成功着陆。随后,"神舟十号"飞行乘组航天员聂海胜、张晓光、王亚平安全顺利出舱,身体状况良好。至此,"神舟十号"载人飞行任务取得圆满成功。它既是我国载人航天"三步走"战略第二步第一阶段的收官之战,也是我国载人航天工程的首次应用性飞行。2016 年 10 月 17 日 7 时 30 分,"神舟十二号"成功发射并和"天宫二号"空间实验室自动交会对接成功,奠定了未来我国空间站建设的基础。总之,我国载人航天第二步整体进行得非常顺利、成功。

第三步,2020 年以前,建造 20 吨级的空间站,解决有较大规模长期有人照料的空间应用问题。今后中国还将陆续发射货运飞船、"天宫二号"和"天宫三号"空间实验室,在太空建造60吨级大型空间站,并正在论证载人登月。

(五) 各系统简要解读

1. 群"星"策划成大统——工程总体

工程总体设计的主要任务是确定工程的主要功能和组成,确定工程主要技术方案,提出工程各系统的主要设计技术要求和系统间的接口关系,制定大型地面试验和飞行试验技术方案,提出研制条件保障要求,制定工程研制阶段的划分、完成标志以及实施计划等。下面以确定工程主要技术方案为例,其要点有:

① 载人飞船采用轨道舱、返回舱和推进舱三舱构型,轨道舱留轨,降落伞采用普通圆顶伞方案。

② 运载火箭在长征 2E 火箭的基础上提高安全性,改进可靠性。

③ 在酒泉卫星发射中心新建发射场,采用垂直总装、垂直测试、船—箭组合体垂直整体转运和远距离测试发射控制模式。

④ 建立统一的 S 波段陆海测控网,建设北京航天飞行控制中心。

⑤ 主着陆场设在内蒙古自治区大草原,副着陆场设在酒泉

卫星发射中心东南地区。

⑥ 缩短海上应急救生区,保证航天员安全。将返回舱落点控制在海上总长约 2 000 千米的 3 个区域内,救生海域缩短到原来的 1/5。

⑦ 从空军选拔第一批预备航天员,经过 3～4 年训练达到执行飞行任务的要求。考虑到第一批航天员的主要任务是进行飞船的驾驶,暂不考虑科学家进行科学试验任务,故首批预备航天员从飞行环境适应性比较好的空军歼击机和强击机飞行员中产生。

⑧ 利用飞船的空间试验支持能力,安排一批高水平试验项目。如利用微重力环境,进行具有重要应用价值的空间材料、空间生命科学及空间环境等方面的实验和研究等。

2. 千选万炼太空人——航天员系统

航天员系统是一个以航天员为中心,医学与工程相结合,涉及人、机、环境的复杂系统。航天员系统的核心任务是培训出合格的航天员。

航天员是一个从事特殊工作的人群,需要具有优秀的综合素质,需要具有特殊的品格和特殊的能力。以我国航天员大队为例,1998 年 1 月,中国航天员大队正式组建,共有 14 名航天员(其中 2 名为教练),是从符合基本条件的 1 500 多人中选出 800人,后精选出 60 人,再经过层层筛选,最终 14 名航天员脱颖而出。中国有近 14 亿人口仅选出了 14 名航天员,真是"亿里挑一"。说他们是国宝,绝不是夸张。有人说培养一名飞行员,所耗费的黄金可以等身。而且航天员必须具有天赋,光凭代价培养不出合格的航天员。

航天员系统包括航天员的选拔(航天员的选拔条件,女航天员的选拔与男航天员的选拔基本相同,但检查的项目更多一些,要求更苛刻一些。如女航天员必须已婚,最好已育。还要求女航天员牙齿洁白、身体没有异味、没有口臭、没有蛀牙、没有脚茧等),航天员的体能训练(被称为"魔鬼训练",这些训练是在中国航天员科研训练中心完成的),以及航天员的心理训练(航天员不仅要具备强健的体魄、高超的技术,还必须有过硬的心理素质)。航天员进入太空,远离地球,远离亲人,在十分狭窄的环境里工作和生活,要求个人具有顽强的意志。航天员如果没有良好的心态,一旦遇险,后果不堪设想。世界各国航天员都必须进行严格的心理选拔和心理训练,才能踏上太空之旅。

3. 万无一失通天路——运载火箭系统 I

2002 年,江泽民为发射"神舟"飞船运载火箭题名"神箭"。

(1) 托起载人飞船的火箭

"长征-2F"火箭是成功将我国第一艘飞船送入太空的运载火箭,它是在"长征-2E"的基础上发展起来的,其芯级是发射成功率很高的"长征-2C"火箭。火箭全长 58.34 米,起飞质量479.8

吨,芯级直径 3.35 米,助推器直径 2.25 米,整流罩最大直径 3.8
米。它可以把重 8 000 千克的有效载荷送入近地点 200 千米,远
地点 350 千米的地球轨道。作为我国第一种用于载人的火箭,
第一次提出了明确的可靠性和安全性设计指标,在研制中需要
采用 50 多项新技术,关键技术攻关项目大大小小加起来有 100
多项。"长征-2F"运载火箭由箭体结构、动力装置、控制、推进剂
利用、故障检测处理、逃逸、遥测、外测安全、附加、地面设备等 10
个分系统组成。

(2) 飞行时序

"长征-2F"火箭在飞行过程中,箭体结构一节一节地被抛
掉,所谓"甩掉包袱,轻装前进",逐级提高速度,直至把飞船送入
轨道。按照飞行时序,火箭芯一级发动机和 4 个助推器共 8 台发
动机点火,火箭起飞,飞行到 120 秒,逃逸塔值班任务完成,逃逸
塔被抛掉;飞行到 136 秒,助推器推进剂消耗完毕,助推器被抛
掉;飞到 159 秒,芯一级发动机关机,二级发动机工作,一级体被
抛掉;飞行到 200 秒,火箭已基本飞出了稠密大气层,火箭前部
用来保护飞船,维持气动外形的整流罩也没有用处了,整流罩分
离。飞行到 460 秒,二级主发动机工作完毕关机,4 台游动发动
机继续工作至 583 秒左右关机,飞船和火箭分离,飞船进入预定
轨道。

(3) 逃逸技术

为确保航天员安全,掌握火箭故障检测诊断技术和逃逸技

术是关键,这是一项世界级的课题,是载人火箭独有的技术。火箭中最难啃的骨头也就是逃逸系统。逃逸系统是"长征-2F"的新点和难点的代表。火箭逃逸发动机是我国首次研制,1998年,终于成功完成逃逸系统零高度逃逸救生飞行试验和飞船的发射回收试验。实验证明,我国自行研制的逃逸系统固体发动机的综合指标优于国外同类发动机的性能。

(4)先进水平

火箭的安全性指标达到0.997,可靠性指标由不载人的0.91提高到0.97,达到了国际载人火箭的先进水平。目前正在向绿色环保、无污染发展,向更低成本、更高可靠性、安全性发展,巩固世界一流的水平,为实现我国载人航天工程的第二步、第三步目标,为中华民族的伟大复兴作出更大的贡献。

4. 天地往返"看"环宇——航天器系统

在地球大气层以外的宇宙空间,按照天体力学的规律运行的各类飞行器称为航天器,又称为空间飞行器。

(1)分类

航天器分为无人航天器和载人航天器。无人航天器按是否环绕地球运行分为人造地球卫星和空间探测器,按用途和飞行方式还可以进一步分类。载人航天器按飞行和工作方式分为载人飞船、空间站和航天飞机。载人飞船包括卫星式载人飞船和登月载人飞船,未来还将有行星和行星际载人飞船。

（2）第三代载人飞船

20 世纪 50 年代起，苏联与美国互相竞争，发展载人飞船，它们的载人飞船分别经历了三代。苏联/俄罗斯载人飞船发展的三代为：第一代是载 1 人的"东方号"飞船；第二代是载 3 人的"上升号"飞船；第三代是载 3 人的"联盟号""联盟 T""联盟 TM"和"联盟 TMA"飞船。苏联/俄罗斯的第一代和第二代飞船都是弹道式载人飞船，第三代飞船都是半弹道式载人飞船。

美国载人飞船发展的三代为：第一代是载 1 人的"水星号"飞船；第二代是载 2 人的"双子星座号"飞船；第三代是载 3 人的"阿波罗号"登月飞船。美国的第一代飞船是弹道式载人飞船，第二代和第三代飞船都是半弹道式载人飞船。

中国的"神舟号"飞船，由轨道舱、返回舱、推进舱和附加段（即"三舱一段"）组成。能乘坐 3 名航天员，可自主飞行 7 天，返回舱采用半弹道式载人。载人飞行结束后，其轨道舱继续留轨运行，开展各种空间科学和技术试验，这是中国的首创。"神舟号"飞船的返回舱尺寸比"联盟号"飞船大，航天员乘坐更舒适。"神舟号"飞船的技术水平相当于国际上 20 世纪 90 年代的水平，总体性能优于苏联的第三代载人飞船（"联盟 TM"飞船）。所谓"半弹道式载人"是指航天器返回舱的升阻比（升力与阻力之比）不大于 0.5 的航天器，以通过滚动控制调整升力方向的方式进入地球大气层。其缺点是技术比较复杂，优点是返回舱着陆点控制精度高，载人过载小。

（3）避免发生共振

任何一个物体，都有自己固有的物理特性，如质量、质心和振动频率，这些物理特性之间存在着固定的关系。飞船的舱段结构和整船结构也有自己的固有物理特性，装上仪器设备和电缆导管后形成的舱段，其质量、质心和振动频率也将发生变化。发射时，如果飞船的某一固有频率与运载火箭的固有频率相同，那么在发射时可能产生强烈的共振，振至极限时，将导致舱体结构的破坏或仪器设备的失效，还会对航天员的身体带来伤害。因此，避免发生共振，是飞船设计的重要课题之一。

（4）防热技术

在晴朗的夜晚观察天空，常常可以看到有流星飞过，在天上划出一道亮光。这些亮光就是流星以极高速度进入大气层时，因摩擦生热而燃烧所产生的现象。显然，飞船以极高的速度闯入大气中，也会发生像流星划出一道亮光的现象！此时，当飞船完成轨道飞行任务重新进入大气时，前面有近 8 000℃的高温激波，周围又被数千摄氏度的空气包围，如果不采用特别的防热措施予以防护，它也会像流星一样，在穿越大气层时被烧毁，或者只剩下一些残骸。

防热结构由承力结构和它外面的防热层组成。设计人员让防热层吸收掉大部分的热量，使传入飞船承力结构的热量很小，最终使飞船内的温度不会超过规定范围。总之，防热结构的功能就是防止返回舱在返回地面过程中发生过热和烧毁，保护舱内航天员的安全和设备的正常工作。实测结果显示,飞船正前方温度最高,越向后温度越低。

（5）环控生保

太空环境极为严酷,完全不适合人类生存。为了确保航天员在整个飞行过程中安全地工作和生活,必须在飞船内部创造一个适合人类生存的基本环境,并提供必需的生活支持保障。这样的功能,主要由飞船环境控制与生命保障分系统(简称环控生保分系统)予以实现。环控生保分系统一般由 9 个主要部分组成:供气调压、通风净化、温湿度控制、水管理、废物收集处理、航天服循环、烟火检测与灭火、食品管理、测量控制。

（6）气闸舱

它是载人航天器上用于航天员出舱活动的一个特殊的过渡舱段,也是航天员进入太空和返回的必经之地。航天员出舱活动可以分为出舱准备、舱外活动和从舱外返回三个阶段。气闸舱的舱压是针对这三个阶段的工作状态和航天员的安全性要求而设计的。

（7）"天宫"系列空间站

"天宫一号"的学名叫目标飞行器,是"天宫"系列空间站中的第一个飞行器,因此先说说它。"天宫一号"是目前中国最大最重的在轨航天器,要与"神舟号"飞船对接,完善航天器交会对接技术。从规模、功能与寿命来看,中国的"天宫一号"与美国、俄罗斯分别在 1973 年和 1986 年发射的"天空实验室"与"和平号"空间站相比,显得小和短。因此把"天宫一号"称为简易"空间实验室"更加合适。

"天宫一号"长约 9 米,最大直径 3.5 米,重约 8 500 千克。从外表能看出,与飞船的三舱结构不尽相同。"天宫一号"是两舱结构的飞行器,两个舱分别是实验舱和资源舱。资源舱为柱状非密封舱,配置推进系统、太阳电池翼(即太阳帆板)等为空间飞行提供动力和能源。实验舱是航天员工作生活的地方。"天宫一号"具备适合人类生存和生活的正常环境,温度、湿度、氧气等都和地球上差不多。总的来说,"天宫一号"空间实验室的主要任务有以下四项:第一,"天宫一号"作为交会对接的目标飞行器,与"神舟八号""神舟九号""神舟十号"完成空间交会对接飞行任务;第二,保障航天员在轨短期驻留期间的生活和工作,保证航天员的安全;第三,开展空间应用(包括空间环境和空间物理探测等)、空间学实验、航天医学实验和空间的技术试验;第四,初步建立短期载人、长期无人、独立可靠运行的空间实验平台,为建造空间站积累经验。

5. 要识庐山真面目——发射场系统

航天发射离不开航天发射场。航天发射场是由为航天器和运载器进行装配、测试、转运、加注等发射前的准备及实施发射控制而专门建造的一系列功能相关的地面设施、设备所组成的综合体,是太空旅途的起点。

（1）航天发射场的使命

航天发射场的使命就是成功完成航天器发射，准确获取各种试验数据。简而言之，就是"打上去、测下来、控制好，并提供准确的数据处理和结果分析报告"。

打上去　发射场要完成运载火箭、航天器发射前的各项装配、测试及加注等技术准备工作，提供配电、配气、空调、吊装、运输、计量、通信、气象等各种技术勤务保障，实施测试发射过程的组织指挥，进行运载火箭推进剂加注，最终，点火发射。

测下来　在火箭飞行的上升段，为了掌握运载火箭与航天器在飞行过程中的工作情况，必须对它们的各种飞行参数进行测量。因此，发射场测控站要接收运载火箭与航天器下传的数据，对运载火箭发射轨道参数进行测量。

控制好　航天器的发射是一个多系统集成的联合工作过程，要确保发射的成功，就需要对运载火箭、航天器在发射场的测试进行严密的组织、指挥，严格质量控制和决策，对航天员救生、运载火箭飞行安全实施准确可靠的控制。同时，发射场要在最短时间内对关键数据进行分析，查找航天器、运载火箭在飞行过程中存在的问题，得出飞行正常与不正常的初步结论，为下一步工作安排提供依据。

（2）选址的重要因素

发射场的地理位置（指发射场所处的经度和纬度，其中纬度是发射场选址的重要考虑因素）、自然条件、射向和航区安全、测控站布设、交通运输、安全与环境保护以及它的未来发展,都是发射场选址的重要因素。就以未来发展为例,发射场是投资巨大、长期使用的基础设施。因此,发射场的选址必须要考虑其未来的发展潜力,以充分发挥其效益,延长其使用寿命。首先,发射场需要有任务扩展能力;其次,应该考虑发射场的综合发展,以适应集发射、旅游、科教、文化于一体的商业运作,带动当地经济发展,发挥发射场的综合效益等。

(3) 我国的载人航天发射场

我国在载人航天工程立项前,已经在内陆建设了三个航天发射场,分别是1958年建成的酒泉卫星发射中心,1979年建成的太原卫星发射中心,1983年建成的西昌卫星发射中心。这三大发射场为我国航天事业的发展作出了重要的贡献。随着我国航天事业步伐的进一步加快,单靠这三大发射场已不能满足我国航天事业发展的需要。另外,我国现有的酒泉、太原、西昌航天发射场,均建在戈壁、高原和深山,存在商业开放度不够、航天发射互补能力不足、大直径火箭运输受到交通条件制约等问题。建造一个适应需求的新的航天发射场势在必行! 那么,在哪里建设我国未来新的发射场,建设什么样的发射场,成为核心问题。最终,海南省文昌市成为新建航天发射场的首选。2009年9月14日在海南省文昌市破土动工,以建成世界一流的现代化新型航天发射场为总体目标。

(4) 他山之石——国外航天发射场

国外的航天发射场各具特色,给人留下了深刻的印象。也将给我国航天发射场的建设带来有益的启迪。下面作一简单介绍。

拜科努尔航天发射场 也称丘拉塔姆发射场,位于哈萨克斯坦锡尔河畔丘拉塔姆以北地区。是苏联/俄罗斯唯一的载人航天器发射场。其主要任务是发射飞船、空间站、卫星、月球探测器和行星探测器,同时进行各种导弹和运载火箭的发射试验,以及拦截卫星和部分轨道轰炸系统的试验。现由俄罗斯向哈萨克斯坦租用,隶属于俄罗斯武装力量航天部队。拜科努尔的发射业绩无与伦比。人类航天历史上的许多"第一"也都与拜科努尔有关:1957年10月4日,这里升起了人类史上第一颗人造地球卫星;1961年4月12日,人类第一位航天员加加林从这里飞向太空;1974年4月19日,这里发射了苏联第一个空间站——"礼炮1号";1986年2月20日,世界上第一个多模块组合的空间站"和平号"复合体的核心舱从这里发射升空。1988年11月15日,苏联第一架航天飞机"暴风雪号"在这里发射成功,3个小时后,安然降落在拜科努尔着陆场,着陆误差仅为1米。它使苏联成为继美国之后世界上第二个成功发射航天飞机的国家。"和平号"空间站畅游太空15年,其间拜科努尔发射了上百艘载人飞船和货运飞船与之对接,将12个国家的100多位航天员相继送上太空,拜科努尔至今已经完成了1 000多次航天发射任务。功勋卓著的发射业绩让拜科努尔永远铭刻在世界航天史的丰碑上。

肯尼迪航天中心 属于美国航空航天局,位于美国佛罗里达州东海岸的梅里特岛—卡纳维拉尔角北区,1969 年 7 月 16 日,首次实现人类登月的"阿波罗 11 号"载人飞船由"土星 5 号"火箭从这里发射升空。后经改造,这里建成了航天飞机发射中心,目前是美国最大的载人航天发射基地。肯尼迪航天中心率先开创了"垂直整体总装、垂直整体测试、垂直整体转运"的"三垂"模式,进行了大规模的创新设计,建设了庞大的垂直总装测试厂房,先进的发射平台。测试好的火箭、航天器组合体一起运往发射区,在发射区只进行推进剂加注和必要的射前检测就实施发射,可靠性高,安全性好,大大缩短了发射台占位时间,提高了发射频率和应急发射能力。此后,法国、中国、日本等国家都先后采用了"三垂"模式。肯尼迪航天中心还是世界上第一个采用远距离自动化控制发射技术的发射场,其发射控制中心代表了世界航天自动化指挥的最高水平。肯尼迪航天中心是目前唯一在用的航天飞机发射场(并建有专门的航天飞机着陆场),尽管由于航天飞机存在着重大的安全隐患和沉重的经济负担,退出了历史舞台,但人们并没有因此而否定航天飞机所取得的辉煌技术成就。航天飞机必将在人类通向宇宙的事业中名垂青史。

圭亚那航天中心 隶属于法国空间研究中心,现与欧洲空间局共用,其主要任务是负责科学卫星、应用卫星和探空火箭的发射。圭亚那航天中心的最大优点是纬度低。库鲁地处北纬

50°14′,邻近地球赤道,可以更多地利用地球自转的速度,使火箭运载能力得到提高,火箭三级工作段不用二次点火就可以达到入轨点,从而简化了运载火箭飞行程序的设计和发射段地面测控站的布站,大大增强了可靠性和有效载荷的在轨工作寿命。而且射向宽,能够满足向东发射地球同步轨道及向北或北偏西发射极地轨道或太阳同步轨道航天器的需求。因此,圭亚那航天中心是世界上最适于发射地球同步轨道卫星的地方,占尽天时地利,是法国从世界各地 14 个备选发射地域中筛选出来的风水宝地。

种子岛航天中心 是日本最大的航天器综合发射中心,隶属于日本科学技术厅宇宙开发事业团。位于日本九州鹿儿岛县种子岛南端,由竹崎、大崎、吉信 3 个发射场和跟踪与数据采集站、雷达站、遥测站等组成,其中尤以吉信发射场最佳,其地理位置优越,常年气候稳定,适合航天发射。吉信发射场其自动化程度可与美国卡纳维拉尔角的"大力神 3"发射场相媲美,是目前世界上最现代化的大型发射场之一,是专为发射 H-2 火箭而建造的。但也有尴尬之事,因为种子岛航天中心地处沿海,也是鱼类繁殖的理想港湾。这样发射活动势必会对附近海域的鱼类繁殖带来不利影响。所以每年进入禁渔期,种子岛航天中心不得不遵守国家法律,忍受禁渔制约给航天发射带来的损失。

萨迪什·达万航天中心 印度的萨迪什·达万航天中心原名为斯里哈里科塔航天发射场。2002 年,为了纪念印度航天研究组织前主席萨迪什·达万,而将斯里哈里科塔航天发射场更名为萨迪什·达万航天中心。该中心不但可以独立发射人造卫星,还为德国、韩国和比时等国家提供商业卫星发射服务。印度的4种国产运载火箭——卫星运载火箭3,大推力运载火箭、极地轨道运载火箭和地球同步轨道运载火箭都从这里点火升空。印度航天起步较晚,其航天发射场的情况鲜为人知。但是,随着近年来印度航天工业的迅速崛起,萨迪什·达万航天中心的神秘面纱在世人面前逐渐揭开。特别是印度竟成功发射了"曼加利安号"火星探测器更令人刮目相看!

6. 天罗地网无形手——测控通信系统

一个力量引导着这些航天器始终按照自己的轨道飞行,偶尔偏离轨道,也能很快"迷途知返";一旦发生了故障,就能得到及时抢救和精心照料;即使意外失控陨落,人们也能及早预知,防患于未然。这就是神奇的航天测控系统的生动写照!因此,航天测控系统是指对运行中的航天器(运载火箭、人造地球卫星、宇宙飞船和其他空间飞行器)进行跟踪、测量和控制的大型电子系统。一般由航天指挥控制中心、若干测控站(包含测量船、测量飞机、跟踪与数据中继卫星)及测控通信系统组成。

(1)中国载人航天测控系统的特点

为满足载人航天的基本要求,我国航天测控网建立了网络管理中心,对测控网进行集中监控,并负责测控资源的动态优化配置,实现了对陆上、海上所有 13 个测控站的联网和统一管理调度。我国航天测控网在原有测控网的基础上,还新建了自行开发研制、符合国际标准的 S 频段统一测控系统,可实现对"神舟"飞船的透明监控,测控资源由网管中心优化配置。它将成为我国当前和未来航天器飞行测控的骨干测控网。目前,我国航天测控网可同时为 20 颗以上卫星和飞船提供测控支持服务。

(2) 航天测控的主要内容

航天测控分为陆地测控段、海上测控段和着陆场的活动测量站等系统。

陆地测控系统 是直接对航天器进行跟踪测量、遥测、遥控和通信等,将接收到的测量、遥测信息传送给航天控制中心。目前,参与陆地测控系统的有北京航天飞行控制中心,东风发射指挥控制中心,西安卫星测控中心,东风测控站,发射首区各光学站,山西太原站,陕西渭南站,福建厦门站,山东青岛站,新疆喀什站、和田站,卡拉奇站、纳米比亚和马林迪站等。其中北京航天飞行控制中心已成为继俄罗斯莫斯科飞控中心、美国休斯敦航天中心之后的世界第三大载人航天飞控中心,跨入了世界一流飞控中心的行列。

海上测控船 是对航天器及运载火箭跟踪测量和控制的专用船。其任务是在航天控制中心的指挥下,跟踪测量航天器的运行轨迹,接收遥测信息,发送遥控指令,与航天员通信以及营救返回落在海上的航天员等。中国是继美、俄、法之后第 4 个拥有航天远洋测量船的国家,"远望号"是中国航天远洋测控船队的名称。中国目前拥有6艘远洋测控船,分别命名为"远望1号"至"远望6号"。在测量精度上,"远望号"测量船完全可以和国外的陆上航天测量站相媲美。举个实例,早在1990年,中国首次为国外公司发射"亚洲1号"卫星,当时,休斯公司要求中方必须在卫星发射后半小时内向美方专家提供卫星的初轨根数。结果,"远望号"只用了8分钟就完成了发现、锁定目标并发出初轨根数的一系列工作,而且,测出的初轨精度比休斯公司要求的准确了好几倍。

"天链"系列卫星 由于地球曲率的影响,我国虽有10个地面测控站,加上3个海外站,还有"远望号"系列测量船,但这些测控站总共仅能覆盖飞船运行轨道的15%,难以满足载人航天进一步的任务需求。要在全球布设测控站显然是不可能的,所以美国采用高轨道数据中继卫星来实现对低轨航天器的测控,扩大了测控覆盖面。中国近年来也发射了同样功能的"天链一号"卫星。以"神舟七号"飞船的测控覆盖率为例,中国"天链一号"01星发射后,测控覆盖率得到了大幅度提高,从15%提高到50%。这种卫星不仅覆盖率高、实时性好,而且价格尤其是使用维持费用低廉。还可以取代大部分地面测控站的任务,成为航天测控网络的主力,降低测控网的建设运行费用。2011年7月11日"天链一号"02星发射成功,与2008年的01星组网,服务于中国的航天测控,如"神舟九号"飞船像一只振翅翱翔的雄鹰,在

"天链一号"01、02星的护佑下环绕蔚蓝色的地球飞翔！

7. 飞船自天外回归——回收着陆系统

回收着陆系统担负着飞船载入轨迹的捕获、跟踪和测量，搜索并回收返回舱，以及对航天员出舱后进行医监医保、医疗救护和紧急后送等相关分系统的任务。

（1）上天并不意味着成功

飞船发射上天，人们往往会感到载人航天已大功告成，其实未必！它只是成功了一半，飞船还要能够安全返回才算成功了另一半。还必须过六关！

调姿关 "神舟号"飞船安全返回一般需要经过 3 次调整姿态。如果返回控制时间出现 1 秒钟的误差，将导致地面落点 9 千米的偏差，甚至会使飞船无法正常返回地面。

温度关 飞船返回再入大气层进入距地面 80 千米至 40 千米的稠密大气层时，返回舱表面温度将高达上千摄氏度。为飞船"退烧"必须措施到位。

黑障关 飞船返回舱以高速进入大气层时，飞船外围会形成一个等离子区，从而使飞船与外界的无线电通信衰减，甚至中断，出现"黑障"现象。在"黑障"区内，飞船、航天员与外界失去联系，这对飞船的性能和航天员的心理、生理都是严峻的考验。

过载关 飞船再入大气层速度骤减，使得返回舱内的工作人员和设备过载。过载严重还会使返回舱结构和舱内设备受到破坏,并危及航天员生命。

撞击关　虽然降落伞大大降低了飞船的下降速度,只有每秒十几米,但是航天员仍然经受不住落地一瞬间的撞击,此时应起动着陆缓冲发动机,以不大于 3.5 米/秒的速度实现软着陆,以保证航天员着陆时的安全。

落点关　飞船安全到达地面,救援人员如果不能及时到达。若飞船落到深山老林、大江海洋、悬崖峭壁,也会给航天员生命带来危险。

(2)着陆场选址条件

我国设置了 13 个着陆点。除内蒙古四子王旗和酒泉卫星发射中心主、副两个着陆场外,还设有包括泛阿拉伯地区、北非、西欧、澳大利亚、美国、南美洲等地区和国家的 11 个应急着陆场。这些着陆场应具备 4 个基本条件:一是飞船轨道要从这个地区上空设置各种应急返回方案,便于飞船多次调整姿态;二是场地要开阔,房屋和高大树木占地面积要少,便于观察,方便地面、空中回收部队调运;三是地势平缓,地表坡度不能超过 5°,地表要结实,保证飞船软着陆后平稳等待回收;四是天气状况良好。

(3)应急返回方案

飞船上升段出现应急情况,着陆系统在陆上划定了 4 个应急救生区,在海上划定了 3 个应急溅落区。每个陆上搜救区均配备搜索救援直升机和特种车辆。每个海上救生区均配备了 2 艘打捞船,并配备了直升机和自动化打捞网。陆上应急搜救由中国载人航天工程着陆场系统与成都军区某集团军、成都军区总医院、成都市公安、武警及民兵预备役分队密切配合。海上应急搜救飞船主要是从黄海到关岛东南的太平洋面约 2 200 千米范围。如"神舟五号"载人航天飞行任务时,海上应急救援准备工作,由交通部救捞局、北海救助局、南海救助局、上海打捞局和救捞船"北海 102"轮、"穗鲲"轮、"德意"轮担负了海上应急救援航天员和打捞返回舱的任务。

(4) 医保医监医疗救护

返回后的航天员医监医保分为着陆现场和将航天员转运到北京航天城后两部分的医学保障工作。

着陆场医监医保任务 返回舱降落后,医监医保人员在第一时间赶到,协助打开舱门。医监人员进舱前,应进行舱内气体检测,如有有害气体,则进行必要的处置。医监医保人员进舱后应解除航天员的束缚,打开航天服面窗,脱下手套,解开限腿带、打开快卸锁,解开肩带、腰带等座椅机构,判断航天员的身体状况,立即向医学处置指挥员报告,在给予必要处置的同时,确定航天员的出舱方式。随着技术的不断发展,例如"神舟九号"飞船为航天员提供了全套医监生化检测组件,每次检测要使用一整套工具,固定在一个小操作板上,把操作板往航天员工作台板上轻轻一粘,就是一个"医监平台"。整个医监生化监测系统不大,用于样本采集、处理的工具大多类似于拇指大小,最大的也大不过一个巴掌。这些工具用起来方便、简单,在微重力环境下通过"傻瓜式"操作就能实现精准定量,确保微量取液准确、可靠。

北京航天城医监医保　航天员回到北京后,身体恢复分为医学隔离期、医学疗养期和恢复疗养期三个阶段。医学隔离期为1~2周,航天员将在航天员公寓内适应地球环境尤其是重力环境,提高心血管系统和运动器官的功能,提高立位耐力,消除飞行后的疲劳。第二阶段是医学疗养期,时间在二三十天。航天员将入住天气好、空气好的疗养院,在继续恢复健康的同时逐渐增大活动量。第三阶段是恢复疗养期,时间大约为3个月。通过疗养,使航天员各项生理参数恢复到飞行前的状态。

（六）10 年 10 人 10 船——从"神舟一号"到"神舟十号"

2013年6月26日上午,"神舟十号"飞船搭载3名航天员(聂海胜、张晓光和王亚平)成功返回地面,这距离航天英雄杨利伟乘坐"神舟五号"飞船首飞太空已有10年之久。10年间,中国恰有10名航天员进入太空,而"神舟十号"也恰好是我国神舟飞船系列的第十艘飞船。"十"在中国具有特殊含义,寓意十全十美,"神舟十号"任务的完成也标志着中国载人航天工程"三步走"计划中的第二步第一阶段任务完美收官。十人十船,走过十年,是我国从无人飞行到载人飞行,到多人多天飞行,到空间出

舱活动,再到实施载人交会对接,最后到空间应用性飞行的胜利
历程。下面让我们重温从"神舟一号"到"神舟十号"我国载人航
天事业不断开拓、不断突破的光辉岁月。

1. "神舟一号"到"神舟四号"——备战太空

1992年11月20日,我国第一艘无人试验飞船"神舟一号"
从酒泉大漠腾空而起,飞向太空,中华民族的飞天之梦开始实
现。"神舟一号"首次采用了在技术厂房对飞船、火箭联合体垂
直总装与测试,整体垂直运输至发射场进行远距离测试发射控
制的新模式。作为中国载人航天测控网的"心脏"与"神经中枢"
的北京航天飞行控制中心给了世界一个精彩的亮相。

2001年1月10日,"神舟二号"无人飞船在"长征-2F"运载
火箭的托举下发射升空。"长征-2F"运载火箭新增加了故障检
测系统,在箭体结构、动力装置、控制、遥测系统等方面均有提
高。"神舟二号"飞行任务中,首次在自主研制的飞船上进行空
间科学与应用研究,进入空间科学研究和资源开发的新阶段。

2002年3月25日,"神舟三号"飞船于酒泉卫星发射中心发
射升空。"神舟三号"增加了逃逸和应急救生功能。此次任务
中,科研人员在飞船里安装了形体假人及人体代谢模拟装置、医
监设备和舱内辐射环境监测设备等,并进行了相应试验。

2002年12月30日,"神舟四号"飞船也于酒泉发射升空。
"神舟四号"任务中,4艘"远望号"航天测量船及各有关地面测控

站对飞船进行了持续跟踪、测量与控制，飞船在太空成功地实施了太阳能帆板展开、轨道机动、姿态确定等数百个动作后，成功实施变轨并进行了两次轨道维持，载人航天的各种系统均得到了实际考验，为最终实现载人飞行，打下了坚实基础。

2. "神舟五号"——首次载人飞天

2003 年 10 月 15～16 日，我国航天员杨利伟乘坐"神舟五号"载人飞船首次出征太空，并绕地球运行了 14 圈，历时 21 小时 23 分，顺利完成各项预定操作任务后，安全返回位于内蒙古阿木古朗草原的主着陆场。"神舟五号"飞船与"神舟四号"飞船基本相似，不同的是"神舟五号"飞船还设置了未来与空间实验室对接的接口，且具备自主应急返回的能力，在自动返回系统失效的情况下，航天员可以手动控制返回地面。首次载人航天飞行的圆满成功实现了中华民族千年飞天梦想，标志着我国已经成为世界上独立自主地完整掌握载人航天技术的国家之一。首位航天员杨利伟，为我国航天事业作出了突出贡献，被授予"航天英雄"荣誉称号，并获得"航天功勋奖章"，后还晋升为少将。

3. "神舟六号"——多人多天飞行

2005 年 10 月 12 日，我国航天员费俊龙、聂海胜乘坐"神舟六号"载人飞船成功进入太空，首次实现我国"多人多天"任务飞行,飞船环控生保技术首次得到全面验证。比如,飞船运行期间,地面指控中心通过生理遥测参数、回传图像及话音通讯,了解航天员的身体、生活和工作状态。航天员监视飞船飞行过程中重要指令的执行情况以及飞船状况,并向地面报告有关情况和补发有关指令,进行相机等试验操作。两名航天员不负众望在太空顺利完成了各项任务,因而被授予"英雄航天员"荣誉称号,并获得了"航天功勋奖章"。

4. "神舟七号"——太空行走

2008 年 9 月 25 日 21 时 10 分,"神舟七号"飞船载着 3 名航天员(翟志刚、刘伯明和景海鹏)顺利升空。刘伯明在轨道舱内协助,翟志刚出舱作业,实现了中国历史上第一次的太空行走。"飞天"舱外航天服在出舱活动中的出色表现,令人赞叹! 执行"神舟七号"载人航天飞行任务的"长征-2F"运载火箭有 30 多项技术改进,安全性和可靠性进一步提高。"神舟七号"乘组在空间飞行期间共完成了 4 项空间科学研究与实验:即航天员出舱活动,伴飞卫星试验,开展固体润滑材料和太阳电池基板材料外太空暴露试验,卫星数据中继试验。

5. "神舟八号"——首次自动交会对接

2011 年 11 月 1 日 5 时 58 分,"神舟八号"无人飞船由改进型"长征-2F"遥八火箭顺利发射升空。升空后两天,"神舟八号"与此前发射的"天宫一号"目标飞行器进行了我国首次空间交会对接,"神舟八号"飞船与"天宫一号"目标飞行器经自动交会对接而成的组合体运行 12 天后,"神舟八号"脱离"天宫一号"并再次与之进行交会对接试验,成功验证我国航天自动交会对接技术,标志着我国已成功突破空间交会对接及组合体运行等一系列关键技术,成为继俄、美后第三个自主掌握自动交会对接的国家,为未来建立空间站奠定基础。此次任务中,载人航天工程八大系统均参加了实战考验,取得了成功。

6. "神舟九号"——首次载人交会对接

2012 年 6 月 16 日 18 时 37 分,航天员景海鹏、刘旺和刘洋搭载"神舟九号",由"长征-2F"遥九火箭在酒泉卫星发射中心发射升空。此次飞行任务在进一步验证自动交会对接技术的同时,首次验证手控交会对接技术,航天员刘旺担此大任,展示了"太空穿针"绝技! 此次任务创造了我国载人航天史上的多项新纪录:中国航天员首次进入太空运行的人造天体,首次手控在轨交会对接;首位女航天员飞天;航天员首次较长时间在轨驻留;首次系统开展空间科学实验;首次实现地面向在轨飞行器进行人员和物资的往返运输与补给等;此外航天员系统还增加了生理监测指标,同时设立了 20 多种医学预案,一旦出现紧急情况,能够进行天地协同,得到快速支持、及时处理,保障航天员在飞行中的良好身体状态。"神舟九号"飞船的发射成功,标志着中国载人航天事业迎来了新的起点。

7. "神舟十号"——首次应用性飞行

2013 年 6 月 11 日 17 时 38 分,"神舟十号"飞船在"长征-2F"遥十火箭的托举下成功发射。这次任务与以前相比在轨时间更长,实验项目更多。三名航天员分工明确,各有侧重。有过一次飞行经验的指令长聂海胜负责手控交会对接操作;航天员张晓光主要辅助指令长工作,并承担太空授课中摄像师的任务;女航天员王亚平主要负责我国首次太空授课和飞行乘组生活照料。他们密切协作,默契配合,完美地完成了此次飞行任务。

"神舟十号"是我国载人天地往返运输系统的首次应用性飞行。所谓应用性飞行,是相对以验证技术为主要目的的试验性飞行而言的。那么,如何来区别应用性飞行与试验性飞行?"神舟十号"飞行是应用性飞行,主要包括以下两点内涵:第一,是飞行任务的目的,这次任务中,天地往返运输系统本身的技术验证和交会对接技术验证不再是主要目的,而为"天宫一号"在轨运营提供人员和物资往返运输服务成为这次飞行的主要目的;第二,是飞行产品的状态,飞船和火箭经过"神舟八号"和"神舟九号"飞行任务的考核和验证,可以说功能已更加完善、完备,性能更加稳定,可靠性、安全性也进一步提高,技术状态基本固化,所以"神舟十号"任务开始进入了应用飞行阶段。它意味着我们可以把更多精力腾出来放在载人天地往返运输系统之外的其他领域上,尽管为了进一步提高安全性和可靠性,产品还会进行持续的改进,但基本的技术状态已经确定。

另外,与"神舟九号"相比,还有一个不同点是:"神舟十号"进行了绕飞"天宫"的试验。所谓"绕飞"就是指飞船围绕"天宫"一号目标飞行器进行飞行,这也是为将来空间站建设做准备。因为空间站可能有多个对接口,飞行器不一定从一个方向进行对接,可能要绕到另外一个口上对接,所以就需要对绕飞功能进行考核。"神舟十号"任务圆满完成是我国载人航天全面进入空间实验室和空间站研制阶段。

(七) 几个关键项目特写

实施我国载人航天工程的过程,就是具体实现"中国梦"的过程。20多年来,我国坚持以科学进步为先导,攻克了一大批具有自主知识产权的核心关键技术,建立了具有较强原始创新、集成创新等体系,使我国具备了国际化先进水平的载人航天研制试验能力,在世界航天领域占有重要的一席之地!

下面我们在众多的核心关键技术和自主创新项目中遴选出几项作一介绍,肯定是挂一漏万!

1. 首个太空试验平台——"天宫一号"

"天宫一号"是目前中国最大最重的在轨航天器之一,重8 600千克,属两舱结构。两个舱分别是实验舱和资源舱。资源舱提供动力,为飞行提供能源;实验舱有效使用空间约 15 立方米,可满足 3 名航天员在舱内工作和生活的需要。舱内温度、湿度、氧气等都和地球差不多,是适合人类生存和生活的正常环境。"天宫一号"实验舱前端安装了一个对接机构,以及交会对接测量和通信设备,用于支持与飞船实现交会对接。"天宫一号"是以无人状态进入太空的,但舱内环境如温度、压力等,都是按照载人条件进行设计准备的,目的是为进行载人飞行进行验证。因此,"天宫一号"既是交会对接过程中的目标飞行器,也是一个小型的空间实验室,是我国第一个可以在轨道上长期独立运行的可载人空间飞行试验平台。

（1）携手"神舟"

"天宫一号"与多艘"神舟"飞船进行交会和对接。交会是指通过调节两个航天器的轨道参数实现两个飞行器在同一时间到达同一地点,并满足对接初始条件。对接是通过两个飞行器的对接机构自动完成碰撞、捕获、缓冲、校正、拉近、拉紧、密封和刚性连接,具体有如下一些动作:

动作一:远程导引　即追踪航天器("神舟"飞船)上的敏感器能捕获目标飞行器("天宫一号")的范围(一般为 15～100 千米),从而逐渐缩短相互之间的距离。

动作二：自动寻的 在相距 1 千米时，追踪飞行器根据自身的微波和激光雷达测得的与目标飞行器的相对运动参数，自动引导到目标飞行器附近的初始瞄准点。

动作三：最终逼近 当两者相距在 140 米到 1 米之间时，此时不仅要控制好两个飞行器之间相互间的距离、速度和姿态，还必须保持在每秒 1 米的相对速度内，以准备对接。

动作四：平移靠拢 用栓—锥或异体同构周边对接装置的捕获锁、缓冲器、传力机构和锁紧机构使两个飞行器在结构上实现硬连接，完成信息传输总线、电源线和流体管线的连接。

动作五：对接合拢 这时两个庞大的飞行器，在太空相距仅几十厘米，相对速度约每秒 0.1 米，横向相对误差不超过 18 厘米，才能严丝合缝地连为一体。实例是 2011 年 11 月 3 日 1 时 17 分，飞船进入对接段实施前最后的平移靠拢段。8 吨重的"神舟八号"在惯性作用下，与 8.6 吨重的"天宫一号"以每秒 0.2 米左右的速度进行相撞，"神舟八号"上的主动对接机构碰撞上"天宫一号"上的被动对接机构。大约 10 分钟后，完成对接。

（2）"慧眼"探地球——"天宫一号"有效载荷的神功奇能

"天宫一号"目标飞行器上安装了高光谱遥感对地观测设备，主要是利用高光谱成像仪的图谱合一的特点以及高光谱成像仪在地表覆盖识别能力、蕴含地物光谱信息等方面优势，有针对性地开展相关地区的地质调查、矿产和油气资源勘查、森林监测、水文生态监测以及环境污染监测分析等方面的研究。比如林业方面,"天宫一号"高光谱成像仪在成像时间、空间分辨率和光谱分辨率等方面的优势,可在森林覆盖制图与变化检测方面有广阔的应用前景。由于空间遥感可以获得较大范围的数据,因此利用遥感数据可较好地估算森林的生物量和碳储量。林科院资源信息所对我国云南省景洪市西南部,利用"天宫一号"高光谱成像仪可见近红外数据和短波红外数据处理分析,计算了反映植被特征的 10 种植被指数,并与地面实测林业样地的生物量结合建立了生物量评估模型,模型的决定系数为 0.83,说明"天宫一号"高光谱数据对生物量的估测能力很强(决定系数越接近 1 时,表示相关的方程式参考价值越高;相反,越接近 0 时,表示参考价值越低)。再如,在海洋方面,国家卫星海洋应用中心通过对"天宫一号"高光谱遥感数据进行解译、信息提取综合成了海洋领域遥感观测的数据图像,并对收集的数据进行海岸带信息与海冰信息监测,同时针对典型海岸带特征进行了制图。还有油气信息提取,因为油气圈闭内常伴有二氧化碳、水和惰性气体的甲烷等轻烃类物质穿透上覆致密岩层渗漏到地表,甚至扩散到近地表空中,利用遥感技术提取油气微渗漏信息,是一种非侵入式技术,具有经济、安全及高效等方面的优势,有很大的应用潜力。利用"天宫一号"高光谱遥感数据开展油气资源光谱探测关键技术研究,丰富了我国在油气资源调查等方面的监测手段和方法。

2. 适应航天之需——建造海南发射场

我国经过几代航天人的努力,已经建成了酒泉、西昌和太原这三个卫星发射中心,具备了一定的航天发射能力、发射水平和发射规模。这三大发射场为我国航天事业的发展作出了重要的贡献。但是,我国现有的酒泉、西昌、太原航天发射场均建在戈壁、高原和深山,存在商业开放度不够、航天发射互补能力不足、大直径火箭运输受到交通条件制约等问题。建造一个能满足航天发展新形势需要的航天发射场已迫在眼前!经过深入调研和充分论证,最终,海南省文昌市成为新建航天发射场的首选。

（1）成为首选的原因

海南省文昌市具有优越的地理位置:文昌市位于北纬19°,与位于北纬27°的西昌发射场相比,从海南航天发射场发射火箭,有效载荷可提高7.4%(发射场纬度低,可以借助地球自转的部分能量,以提高地球同步卫星运载能力,并延长卫星使用寿命)。也就是说,可以使中国现有的运载火箭有效载荷提高300多千克,而目前国际上每千克有效载荷的发射价格约为2万美元。火箭从海南航天发射场发射与西昌发射场发射相比,节省的燃料就可以让卫星多运行3年。

此外,海南航天发射场还拥有射向范围广的优势,发射场射向覆盖90°~175°,射向1 000千米范围内均为海域,火箭航区、残骸落区安全性良好。

海南省文昌市具有便捷的交通运输:海南省拥有位处沿海

的地理优势,中国研发、生产的直径 5 米的新一代火箭可以通过海运,直达发射场附近的码头,承揽发射的国内外航天器,也可以通过航空运输、海上运输运抵发射场,有利于改善中国的航天发射环境,提高商业竞争力,使中国更多地承接国际商业发射任务。

当然海南省文昌市具有优越的选址条件,并不是现在才发现的,当时选址西昌等,限于 20 世纪 70 年代的国际环境,不得已而为之!

（2）建设进度与目标

建设海南航天发射基地项目从 1994 年开始启动。2009 年 9 月 14 日在海南省文昌市破土动工,2013 年已初具规模,形成年发射火箭 10～12 枚的能力。海南航天发射场主要承担了中国新一代大型无毒无污染运载火箭、地球同步轨道卫星、大质量极轨卫星、大吨位空间站和深空探测航天器的发射任务,可以基本满足国内外各种轨道卫星发射的要求。海南航天发射场是中国新建的开放型、环保型的现代化航天发射场,是自主技术、自主设计的航天发射场,已建成为世界一流的现代化新型航天发射场。

（3）合练大总体协调会

据中国载人航天工程网报道,2013 年 4 月 25 日上午,海南发射场合练专题大总体协调会在海南召开。此次会议的主要目的是:对即将于下半年进行的"长征七号"运载火箭与货运飞船首次发射场合练任务进行总体技术协调,全面交流合练准备进展情况并进行任务动员部署。根据空间站工程任务要求,货运飞船由"长征七号"运载火箭在海南发射场发射。为确保任务相关各大系统间接口匹配、协调,在发射场测试项目及流程合理可行、覆盖全面,同时为了检验新建的海南发射场对任务的支持保障能力,工程总体于当年下半年安排实施载人航天工程海南发射场首次合练。总体包括海南发射场总体技术方案、建设总体情况及航天员系统、空间应用系统、货运飞船系统、"长征七号"运载火箭系统、测控通信系统。

3. 太空授课面面观

中国航天史上首次太空授课,于 2013 年 6 月 20 日 10 时 04 分至 55 分开课,女航天员王亚平在指令长聂海胜的配合下做了 5 个有趣的物理实验,并通过天地对话给中小学生进行了答疑。航天员张晓光全程负责摄像。在大约 40 分钟的授课中,航天员通过质量测量、单摆运动、陀螺运动、水膜和水球 5 个基础物理实验,展示了失重环境下物体的运动特性、液体表面张力特性等物理现象。他们讲解了实验背后的物理原理,并通过视频通话与全国 8 万余所中学 6 000 余万名师生实现电视直播同步收看。

(1)太空称重

王亚平拿出两个完全一样的弹簧。弹簧的底端分别固定了两个质量不同的物体。如果在地面,由于这两个物体质量不同,所以这两根弹簧的伸长量肯定是不同的。但在太空中,两个弹簧却停留在了同一位置,无法显示出两个物体质量的差别。

那在太空中航天员想要知道自己是胖了还是瘦了,该怎么办呢?王亚平接下来向大家展示了测质量的装置——"质量测量仪",并请聂海胜共同演示。首先让聂海胜固定在质量测量仪上,然后王亚平把连接运动机构的钢丝绳拉到指定位置,之后拉力会使他回到初始位置,这样就测出了他的质量:74千克。这台质量测量仪用的是什么物理原理呢?王亚平解释说,其实就是我们学过的牛顿第二定律。"物体受到的力等于它的质量乘以加速度。测出力和加速度,就可以算出质量了。因此,我们设计了一个'弹簧—凸轮'机构,能够产生一个恒定的力,就是刚才把聂海胜拉回到初始位置的力。我们还设计了一个光栅测速系统,能够测出刚才身体运动的加速度。然后根据牛顿第二定律,就可以算出身体的质量了。"

（2）太空单摆

王亚平取出了一个支架,细绳将小球连接在支架上,形成了一个我们地面上常见的单摆。当王亚平推动小球时,小球并没有像在地面上一样做往复摆动,而是轻轻地飘荡在空中,无规则移动。"这是为什么呢?"王亚平让同学们思考,答案很明显,"因为在太空中小球处于失重状态,没有了回复力。"接下来王亚平推了小球一下,小球竟然在做圆周运动,再换个方向演示,小球仍然在做圆周运动!这也是因为在太空中,小球处于失重状态,即使我们给小球一个很小的初速度,它也能绕摆轴做圆周运动;但是在地面上却需要一个足够大的初速度才能够实现。这个实验告诉我们,由于太空环境的特殊性,很多地面上司空见惯的现象在太空却不会发生。比如我们常见的摆钟,在太空中就不能使用。

(3)太空陀螺

一个彩色"陀螺"的出现意味着第三个实验开始了,王亚平先是把静止的陀螺悬空放置,给它一个外力,这个静止的陀螺就会翻滚着向前运动,它的轴向发生了很大的改变。之后把它抓回来让它旋转起来,这次,它不翻滚了,而是晃动着向前走。王亚平又拿出另一个陀螺,让它们一个静止,一个转动,给它们同样的外力,结果静止的陀螺开始翻滚着向前移动,而旋转的陀螺虽然是晃动但是轴向基本没有改变。这说明高速旋转的陀螺具有很好的定轴性,而且陀螺这一定轴特性在天上地上是完全一样的。转动陀螺的定轴性在航空航天等领域有非常广泛的应用,飞机、导弹、火箭和卫星等都大量应用陀螺来测量姿态。很多自旋卫星本身就是利用了这个定轴性。举一个打枪的例子,也是运用了陀螺的定轴性原理,枪支中的膛线使子弹头产生快速旋转,也就是说使子弹头在飞行中绕自己的轴线快速旋转。因为旋转的物体不容易改变旋转轴线的方向,所以子弹出枪口后在飞行过程中不会翻跟头,如果不是因为旋转子弹头的定轴性,射击中的子弹就会偏离旋转轴线的方向,很容易伤及其周围的人。

（4）太空水膜

王亚平先拿出一个在太空中喝水用的饮水袋并将其打开，水并没有流下来，王亚平从水袋中挤出一个水滴，这颗晶莹剔透的水滴却悬浮在空中，"为了避免它到处乱飞，我要用独特的方法来收集它。正好可以润润嗓子。"说着王亚平张嘴把飘浮在空中的水滴吃了进去。接下来的一幕更是让人惊叹，王亚平用一个金属圈伸进水袋里，当金属圈拉出来时，圈上套着一层漂亮的水膜，当她轻轻地晃动金属圈时，水膜依然结实地黏附在圈上，看到这一幕，地面课堂响起了热烈的掌声。为了验证这层水膜是否结实，王亚平先是轻轻地晃动它，它没有破裂，只是甩出来一些小水滴，这些小水滴被航天员用吸水纸收集走，以避免它们到处乱飞影响设备安全。后来王亚平试着把一个中国结贴到水膜的表面，看它能不能承受住这个中国结。贴上了，看来这层水膜还是足够结实的！实验展示了液体表面张力的作用。受到内部分子的吸引，液体表面分子有被拉入内部的趋势，导致表面就像一张绷紧的橡皮膜，这种促使液体表面收缩的绷紧的力就是表面张力。在太空失重状态下，水的表面张力会变大。

（5）太空水球

王亚平重新做了一张水膜，并一点点地往水膜上加水，水膜在一点一点地变厚，最终变成了一个亮晶晶的水球。可以看到，水球的中间有很多小气泡，这是因为饮水袋中本身就存在着很多小气泡,王亚平用一个注射器把这些小气泡抽出来。现在水球看起来像一个透镜,透过它可以看到王亚平的倒影。随后王亚平用注射器往水球中间注入了两个气泡。这两个气泡并没有融合到一起,而是单独地存在着。最后的高潮时刻来临了,王亚平将带颜色的液体注入到她刚刚制作的水球中,当红色的液体在水球中慢慢地散开,水球由透明变成红色,在张晓光的镜头里,这个漂亮的水球微微晃动,娇嫩欲滴,不禁让人感叹物理世界的神奇。因为没有重力,染料就没有固定去向。因而很快向四面八方均匀扩散。在太空实验中进行材料融合实验,得到的合成材料的分子、原子分布均匀度高于地球上。这样的太空材料技术今后是否能得到广泛应用,从而为人类制造出更多高品质的合成材料,是非常有趣而有悬念的。

4. "刀枪"不入的宇宙服——"飞天"航天服

航天服也称宇宙服,是载人航天中航天员穿的一种服装系统,是保障航天员生命安全的最重要的个人救生设备。刀枪不入仅是形容罢了,其实际功能刀枪根本无法与它相比。

(1) 举足轻重

一套航天服能提供给航天员一个适合他生存的环境,这是具有何等举足轻重的作用!它可以防护空间的真空、高低温、太阳辐射和微流星等环境因素对人体的危害;同时,在真空环境中,人体血液中含有的氮气会变成气体,使体积膨胀,如果不穿加压气密的航天服,就会因体内外的压差悬殊而危及生命,当然还要供给航天员所必需的氧气并消除二氧化碳,应付太空中的意外事故等,航天服都是称职的护卫者。

(2)"飞天"航天服

航天服的种类,从功能上看有舱内航天服和舱外航天服两种。舱内航天服的结构和功能比较简单,通常是为每一位航天员"量身定做"的。舱外航天服结构复杂,具有更加全面的防护性能和功能。再从服装内压上看,有低压航天服和高压航天服之分;结构上,则可分为软式、硬式和软硬结合航天服。航天服是目前世界上最贵的服装。我国自行研制的航天服,也有舱外航天服和舱内航天服两种,定名为飞天航天服,"飞天"两字由时任中共中央总书记的胡锦涛题写。

舱内航天服。是航天员在载人航天器内使用的航天服。航天员在航天器发射、返回和在轨道运行期间发生密闭舱失压等事故时,必须穿上舱内航天服。航天服因具有充压和加压的重要功能,能起到保护安全的关键作用。舱内航天服一般由航天头盔、压力服、通风和供氧软管、可穿脱的手套、靴子及一些附件组成。

舱外航天服。是航天员走出航天器到舱外作业时必须穿戴的防护装备。舱外航天服就像一个航天设备,能隔开航天员与恶劣的舱外环境,在太空中为航天员建立类似于地面的日常环境,有效地保障航天员正常的舱外活动。可以说,舱外航天服实际上是最小的载人航天器。舱外航天服主要由外套、气密限制层、液冷通风服、头盔、手套、靴子和背包装置等组成,是一种多层次、多功能的个人防护装备。据介绍,飞天舱外航天服的组成情况是这样的:

质量 120 千克。

颜色 白色。

造价 约 3 000 万元人民币。

组成 用料软硬结合,从上到下依次是头盔、上肢、躯干、下肢、压力手套、靴子。

适用 四肢装有调节带,通过调节上臂、小臂和下肢的长度,身高 1.6~1.8 米的人都能穿。

耐力 可支持 4 个小时舱外活动,并可重复使用 5 次。

上肢关节 巧妙地利用仿生结构,使关节活动更加自如。

腕镜 手腕处装有一面小镜子,航天员可以通过它随时察看自己身上的各种开关。

背包 高 1.3 米,是航天服穿脱(进出)口的密封门,在背包壳体内安装舱外航天服生保设备,背包壳体下端安装有挂包、备用氧瓶等。背包关闭要通过拉紧钢索和操作关闭手柄来完成。

头盔 经过科研攻关,"飞天"航天服头盔的视野比其他同类产品要大。

摄像头 头盔上还有摄像头,可拍摄航天员出舱操作。

照明灯 两侧各一照明灯,可照亮服装胸前部分,方便航天员在阴暗面操作。

报警指示灯　两侧有报警指示灯,一旦服装出现泄露,报警灯会闪烁,同时还有语言报警。

面窗　其面窗有 4 层,2 层为充压结构,2 层之间充高纯氮气,防结雾,外面是防护面窗,滤光面窗,对太阳光折射率低,迎着光照面时可拉下它。

手套　为每位航天员量身定做,看上去特别厚实,有点像拳击手套。外层:热防护手套外层为纤维织物,有两层气密,使用特殊隔热橡胶材料,能耐受高温到 100℃。指尖部分,只有一层气密层,保持触觉。手指背部内有两层真空屏蔽隔热层。在手心握物部位设置有凸粒状橡胶,主要为防滑。手套可握住直径25 毫米铅笔粗细的东西。手背有可翻折的热防护盖片,用于覆盖手指部位,提高此部位的热防护能力和保证手指的关节活动性。

（3）新一代航天服

近代的航天服是 1961 年在美国问世的。20 世纪 60 年代中期在实施"双子座计划"时,美国开发了第二代航天服。第三代航天服是实施"阿波罗计划"时使用的航天服。现在正在开发的航天服,与过去的航天服相比有明显的不同。据报道,2010 年 8 月 8 日,奥地利科学家针对火星的极端气候研制出了适用于火星登陆的专用航天服,还将在阿尔卑斯山下的一处冰川洞穴中进行测试。火星上的温度最低可达到－113℃,这样的酷寒要求航天服必须有很好的保暖作用。新型的火星航天服使用了特殊材料,有良好的隔绝寒冷空气的功能。

下面要介绍的是 NASA 于 2014 年 4 月公布的全新的 Z-2 航天服:NASA 表示 2012 年公布的 Z-1 航天服是 Z-2 航天服的原型。Z-1 航天服是为实现探测火星的新目标,用了 20 年时间研制出的,又称为便携式生命保障系统 2.0 样机,但尚不具备出舱条件。于是 NASA 计划继续研制改进型的 Z-2 新型产品。Z-2 新型航天服的设计目标是增强舱外活动能力,且要比以前的航天服具有更高的压力水平,这将极大提高探索工作的效率。

Z-2 航天服的优点 Z-2 航天服是 NASA 打造的新一代 Z 系列舱外航天服的最新样品,它朝着最终的具有飞行能力的设计又迈进了一步。NASA 称此航天服具有里程碑式的意义,主要是因其采用了许多创新式设计,与 Z-1 相比,Z-2 航天服还做了一些关键性的改进。最显著的一点是,Z-1 采用航天服的软上躯干结构,Z-2 则首次结合航天服气闸舱概念采用硬上躯干结构。在航天服的上下躯干系统上应用先进的抗腐蚀复合材料,这将满足长期出舱活动所必需的耐用性要求。基于此前对 Z-1 进行的为期两年的评估,Z-2 航天服的肩部及臀部的轴承设计也有明显的改进,从而大大提高了这些关节的灵活性。此外,航天靴的设计也更利于太空作业,而且航天服的材料也更能与高真空环境相兼容。Z-2 将是迄今为止打造的最适体的、可调节的硬上躯干航天服,在开发和调整阶段都首次采用 3D 打印

技术,并用于特定行星探索的航天服。NASA 将与 ILC Dover'
公司和费城大学共同合作生产此款航天服,计划先打造一套该
航天服样品,并进行模拟测试。除了对适体性和灵活性评估以
外,目前 NASA 还计划对 Z－2 航天服进行一次综合测试,包括
一系列的全真空测试,模拟太空失重,以及模拟太空失重环境的
中性浮力水槽中验证密封性能。之后,该航天服还要在约翰逊
航天中心模拟火星岩石环境中进行进一步的测试,这将有助于
评估航天服的灵活性、舒适性和工效。到 2017 年,Z－2 将在国
际空间站进行测试。

Z－2 航天服的 3 款设计方案 "仿生款""科技款"和"社会
潮流款",它们最大的特点是背部的生命保障系统与头盔相连
接。并都采用了仿生技术,如果天体表面环境较为昏暗,航天服
可以进行照明。但 NASA 最终采用"科技款"航天服。

"科技款"设计集上一代航天服的优点和未来设计的特点于
一体,该款设计使用了发光线和发光板,有助于更准确地识别队
友,从而使其在实现太空行走中迈出了坚实的一步。该设计还
在航天服的一些部位,如上下躯干,暴露旋转式轴承,用于活动
的折叠处褶皱,以及下躯干的抗磨损面板等方面特别花大力气,
精益求精。

"社会潮流款"是基于将来日常生活中的穿着的想法而产生
的。这款航天服配有个性化电致发光元件和明亮的色彩设计,
运动感最强,并融入了可穿戴技术元素。此款设计特别之处在

于全身褶皱处缝以补裆,同时为了突出灵活性,在航天服的上下躯干处都使用了多样化的暴露旋转式轴承和电致发光元件。

"仿生款"的设计灵感来源于与太空有着同等恶劣条件的环境,即海底世界。在人们想象不到的海底深处,有一些水生生物具有独特的发光能力和鱼的鳞状表层,其实陆地上有些爬行动物也能自身发光,这恰恰反映了地球上处于恶劣环境的生物具有较好的自我保护能力。据此特点,该款航天服模仿深海某些鱼类或爬行动物的表皮,在褶皱处部位安装了仿生照明线,如肩部、肘部、髋部、膝盖,以及硬上躯干上的电致发光线,使航天服在暗处清晰可见,便于航天员作业。

或许可以认为 Z-2 航天服具备了在火星、月球以及小行星上行走的能力,但若要进行深空探测,Z-2 航天服仍将面临挑战。为此 NASA 正在研制 Z-3 航天服。据悉,Z-3 航天服将于2017 年以后问世。

(八) 进 入 新 阶 段

中国载人航天工程新闻发言人 2016 年 2 月 28 日表示,我国将于 2016 年中至 2017 年上半年组织实施载人航天工程空间实验室任务。飞行期间,将验证货物运输和推进剂在轨补加,以及航天员中期驻留等空间站建造与运营的关键技术,开展较大规模的空间科学和应用试验。

为了实现上述任务目标,我国载人航天工程研制了"天宫二号"空间实验室(从原为"天宫一号"的备份器变为空间实验室)、"长征五号"运载火箭和"天舟一号"货运飞船,新建了海南文昌航天发射场,组织实施多次发射飞行任务。

(一) 两年(2016～2017 年)已发射

2016 年 10 月 17 日 7:30,"神舟十一号"载人飞船在酒泉卫星发射中心由长征-2F Y11 运载火箭成功发射升空,顺利将航天员景海鹏、陈冬送入太空。10 月 19 日,"神舟十一号"与 9 月 15 日先期发射入轨的"天宫二号"空间实验室自动交会对接成功,航天员进入"天宫二号"空间实验室开展工作。此次总飞行时间从"神舟十号"的 15 天增加到 33 天,是我国迄今持续时间最长的一次载人飞行,目的是为了首次考核航天员中期驻留能力。所谓中期驻留,依据国际惯例,在外太空驻留 30 天及以上为中期驻留。中期驻留对航天员的生命保障系统、飞行器设计等诸多方面都提出了更高的要求。这意味着在载人航天的发展中,实现了巨大的跨越。这里再简要介绍一下"天宫二号"空间实验室:我国最初研制生产"天宫一号"目标飞行器时,同时生产了一个备份器。随着"天宫一号"任务的圆满成功,备份器解除了原有的使命。为了降低研制成本、加快研制进度,决定在这个备份器的基础上研制生产"天宫二号"空间实验室。因此,"天宫二号"继承了"天宫一号"备份器的诸多设备产品。

设备产品就跟人一样,也有寿命,时间长了就会受损。载人航天人命关天,必须保证"天宫二号"所有的设备产品万无一失。解决这个矛盾的关键就是延寿工作,即延长设备产品的寿命。通过大量验证试验,虽然"天宫二号"身上还留有"天宫一号"备份器的痕迹,但经过全新设计的"天宫二号"已经不再是"备份",而是作为我国第一个真正意义上的空间实验室展现在世人面前。"神舟十一号"是我国"神舟"飞船的第二次应用飞行,也是未来我国空间站建设和运营的重要基础。从"神舟一号"到"神舟九号","神舟"飞船都是试验性飞行,每一次在技术上都有很大跨越。到了"神舟十号",飞船的技术状态基本确定,只是根据每次任务的不同进行适应性调整,所以称为应用性飞行。"神舟十一号"也是我国建造空间站之前的最后一次载人飞行。也可以这样认为,"神舟十一号"载人飞船飞行取得圆满成功是我国载人航天三步走的第二步已胜利完成,跨进建造空间站的新阶段,也就是跨进了我国载人航天的第三步!

全新研制的"长征五号"运载火箭,于 2016 年 11 月 3 日首飞取得圆满成功。"长征五号"火箭采用两级 5 米直径芯级,捆绑 4 个 3.35 米直径助推器,全箭总长约 56.97 米,起飞质量约 879 吨,起飞推力约 1 078 吨,使我国运载火箭的规模实现从中型到大型的跨越,运载能力分别达到 25 吨级、14 吨级,达到或超过国外主流大型火箭,火箭总体和分系统技术达到国际先进水平,可靠性、适应性、安全性大幅提高。"长征五号"采用的 3 种新型主发动机均采用无毒无污染的推进技术,采用液氢/液氧、液氧/煤油两种动力组合。新型发动机的研制,使我国推进技术水平大幅提高。使我国运载火箭的技术水平在现役"长征"火箭的基础上实现了重大突破,也使中国运载火箭的整体技术水平向前迈进一大步。

"天舟一号"货运飞船于 2017 年 4 月 20 日发射成功,并于 22 日 12 时 23 分与"天宫二号"完成自动交会对接。根据既定计划,此次"天舟一号"货运飞船与"天宫二号"在 5 个月内需进行 3 次自动交会对接,每次对接可以在 2 天内完成,但其中一次属于快速交会对接,需在 6 小时内完成。"天舟一号"货运飞船与"天宫二号"交会对接要完成的重要任务之一是实现推进剂在轨补加。

众所周知,推进剂加注是个"慢工出细活"的过程。在地面加注推进剂尚且困难而又危险,试想在茫茫太空进行无人操作的推进剂补加是一件多难的事情。为突破在轨补加技术,"天宫二号"研制团队进行了为期三年的刻苦攻关。

各类空间试验载荷、海南文昌发射场、酒泉发射场、遥测通信系统和着陆场系统等,都在上述发射和试验中圆满完成了各自承担的各项任务。

曾执行我国空间交会对接任务的"天宫一号"目标飞行器已在轨运行四年半,目前运行状态良好、各类装载设备功能正常,具备继续在轨工作条件。

（二）2020 年前后建成空间站

我国空间站的初步规模，将包括一个核心舱，两个实验舱，每个重约 20 吨，可供航天员长期在轨工作和生活，成为长期有人照料的空间站。为此，要研制货运系统，突破和掌握航天员长期驻留技术，再生式生命保障及推进剂补加等关键技术。还要充分考虑"经济性"即控制、生保、电源、信息等将采取当代技术，保证空间站可靠高效运行。国际空间站将于 2020 年完成使命，因此，届时中国的空间站可能会成为唯一的太空空间站。

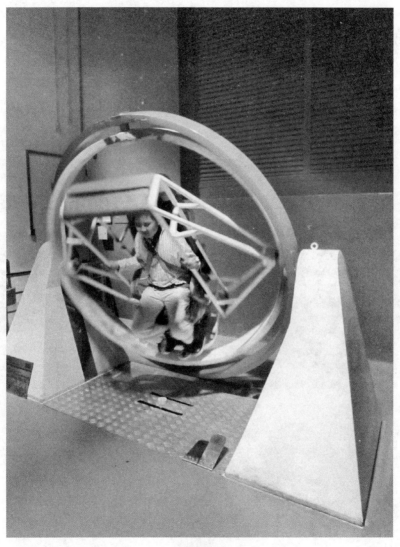

失重训练

长征三号火箭实体

四、太空游,离我们渐行渐近了吗

    观光旅游、探险考察,是人类独有的一项休闲活动。人类在好奇心的驱使下,往往越是神秘的地方越可能成为旅游的热点。因此神奇的太空,茫茫宇宙,自然会成为人们十分向往的旅游胜地。如今,载人航天技术迅猛发展,太空游将离我们渐行渐近了吗? 如果你乘坐宇宙飞船进入离地 100 千米的高空,就可以尝到片刻的失重滋味,还可以观赏到美丽的地球。如果你乘坐的宇宙飞船上升到离地面 200～400 千米的太空,举目眺望,你可以清晰地看到远处弧形的地平线,蓝白相间的地球呈现在你的身下。大海、白云、陆地时隐时现,缓缓驶去;漫天的星星,仿佛是镶嵌在黑色天鹅绒大幕上颗颗晶莹的宝石,在你头顶上则是闪烁着各种颜色的光芒,每隔 45 分钟就有一次气势磅礴、震人心魄的日出日落,那是在地面上永远无法看到,无法想象的奇妙无比的景色;透过飞船的舷窗,你还可以观看到美丽的极光……遨游太空,饱览奇异壮丽的太空景致,甚至体验美妙非凡的太空生活,强烈地勾起了人们的好奇心。

为了开发太空旅游资源,国外一些从事太空体验和旅游服务的公司纷纷兴起,如美国太空冒险公司、维珍银河公司、美国毕格罗航天公司等。随着载人航天商业化发展步伐的加快,太空旅游也会发展起来。

(一) 丹尼斯·蒂托带头

美国金融家丹尼斯·蒂托原是美国航空航天局的一位工程师,他把自己能遨游太空视作终生追求的梦想。此时蒂托已年满 60 岁,但童心未泯的他下决心要到国际空间站上去"走"一遭。当然,光有梦想没有实力(昂贵的 2 000 万美元"车马费")和体质也是空想。蒂托是位亿万富翁,实力是没有问题的。体质经测定,其综合水平符合短期太空旅行的要求。看来一切顺利,且慢!美国航空航天局却断然拒绝了蒂托太空游的申请。理由是蒂托是一个没有受过专业训练的普通人,进入空间站会让空间站上的航天员增添不安,可能还要停下手头工作去照顾这位不速之客,另外空间站上装满了昂贵的仪器,说不定蒂托会成为贵重仪器的杀手(给蒂托碰坏甚至打坏)。碰了一鼻子灰的蒂托进而转向俄罗斯航天部门,很快双方一拍即合(一个愿意交钱,一个需要赚钱。另外还可以在航天史上留下一段佳话,对开发太空旅游也是一种实际的尝试，种种原因加在一起，圆了蒂托的太空游梦）。蒂托以 2 000 万美元的代价，购买了一张俄罗斯"联盟号"飞船的"船票"。2001 年 4 月 28 日，"联盟–Y"火箭在拜科努尔发射场升空准确入轨，飞往空间站，进行了为期一周的太空旅行。蒂托在太空中用大部分的时间来拍照，凝视地球以及聆听歌剧，也参与一些辅助性的工作如准备食物等。2001 年 5 月 5 日蒂托乘坐俄"联盟 TM–31 号"飞船返回地球，5 月 7 日与另外两名俄罗斯航天员安全地降落在哈萨克斯坦的沙漠，除了看起来有一点疲倦和苍白外，其他均很正常，被俄航天员称赞为"身心状态俱佳"。蒂托已幸运地成为人类历史上第一个以旅游者的身份进入太空的地球居民。蒂托也是第一个自费上太空旅游的"普通人"，从此以后自费进入太空旅游的人陆续不绝！从 2001 年至今，已让世界上 7 位富翁（富婆）体验到遨游太空的非凡旅程。

（二）热炒的"太空游"项目

目前有 4 种"太空游"项目：飞机的抛物线飞行、接近太空的高空飞行、亚轨道飞行和轨道飞行，以后还要加上一种深空宇宙飞行。

1. 飞机的抛物线飞行
这种飞行并非"纯正"的太空游，只是利用高性能失重飞机做连续的抛物线飞行,但能让游客体验约 30 秒的太空失重感觉。如果乘坐俄罗斯的 IL-76 航天员训练用的飞机作抛物线飞行,曾经的费用约 5 000 美元。乘坐美国零重力公司的"重力 1 号"飞机同样可产生失重,该公司推出的"失重一日游"使参与者有机会体验太空失重的"滋味"。

2. 接近太空的高空飞行

这也不是真正意义上的太空旅游,而是让游客体验一种极高空的感觉。当游客飞到 18 千米的高空时,可以看到地球的曲线和上方黑暗的天空,体会到一种无边无际的空旷感觉。目前计划用来完成这种极高空飞行任务的飞机是俄罗斯的高性能战斗机米格-25 和米格-31,这两种飞机可以飞到 24 千米以上的高度,曾经的费用约 1.2 万美元。

3. 亚轨道飞行

这种飞行能把游客送到距地面 100 千米左右,在火箭发动机熄火和再入大气层期间会产生几分钟的失重。失重时间大大长于抛物线飞行。曾计划用 X-34 飞行器来完成这项任务。X-34 满载燃料后重 13.5 吨,从洛克希德 L-1011 飞机上发射升空后立刻启动自身的火箭发动机,速度可达 8 马赫(即 8 倍音速),迅速爬升至 75 千米高度穿越大气层。在火箭发动机关机和再入大气层期间会产生几分钟的失重现象。这种飞行器的优点是价格便宜,24 小时即可完成检修,因此是首选的太空旅游方式。另有美国 SpaceDev 公司研制的"追梦者"亚轨道太空飞船,使用内部自身携带的发动机作动力,在任何商用发射场作垂直发射,曾计划搭载数名乘客进行亚轨道试验飞行。

4. 轨道飞行

这是名副其实的太空旅游,国际空间站是实现轨道飞行的主要依托,也是太空旅游的主要目的地。而俄罗斯"联盟号"和美国航天飞机是供游客到达空间站的主要交通工具。由于美国"哥伦比亚号"航天飞机的失事,"联盟号"飞船被作为首选的太空旅游工具,它安全性好,但搭载的乘客远少于航天飞机。另外,美国 SpaceDev 公司研制的"追梦者"太空飞船曾计划搭载乘客进行轨道试验飞行。此外,美国毕格罗航天公司和俄罗斯轨道科技公司合作计划在 2020 年前推出"太空旅馆"项目;美俄还提出"月球旅游"计划,游客将有机会在环月轨道上俯瞰地球美景,并近距离观察月球表面。荷兰一公司推出了一项"有去无回"的"火星一号"移民计划,打算在 2023 年前把首批移民送往火星,引起了广泛的争议。在日本,世界首家"太空旅游俱乐部"和策划未来太空游具体事宜的世界首家太空旅游旅行社已经开张,计划耗资 6.28 亿美元设计建造一艘可重复使用的太空旅游飞船。据报道,2013 年 12 月,国内高端旅游领导品牌"探索旅行"与荷兰公司签约,将私人太空旅游项目引入了中国市场,面向中国用户接受预订。

从这些热议话题之中,不难看出,未来载人航天的一大趋势是采用商业航天运输模式,来完成近地轨道的载人天地往返,这一模式具有效率高、成本低、周期短等特点,能极大降低人们前往太空旅游的交通成本。

5. 深空宇宙游

这是摆脱围绕地球飞行的旅游方式,到太阳系、银河系甚至宇宙深处去旅游。这种旅游方式,至少在目前来讲还是十分遥远的。一旦能实现深空宇宙游,那沿途宇宙航行的景观,将美不胜收,让我们选择其中的一个场景加以描述:飞船在宇宙空间疾速飞行,定睛细看,天啊! 居然看到了氢原子! 我们知道,原子的直径是千万分之一厘米,眼睛岂能看得见? 原来,在超高度真空的宇宙空间,绕原子核运动的电子与原子核的距离大大地被拉开了,使整个原子的直径,比在地球上大 100 万倍。这样,氢原子就成了芝麻大小的颗粒,所以肉眼也能看得见……

(三) 太空旅游路漫漫

尽管太空游在世界各地炒得沸沸扬扬,但接二连三的航天事故再次引起了人们对太空游等商业载人航天项目的担忧,而其发展也确实存在费用、安全等诸多问题。

1. 昂贵的费用

航天活动的本质属性是高技术、高成本、高风险。不管是造访国际空间站还是亚轨道飞行,其不菲费用对草根阶层的普通大众而言,目前似乎还是遥不可及。目前,太空游中比较便宜的是花约5 400美元乘飞机进行抛物线飞行;或乘俄罗斯的"米格"战斗机飞达20多千米高度,包括在莫斯科两天的食宿共收费约12 500美元;而轨道飞行的2 000多万美元的费用,使太空游只能是"富人的俱乐部"。太空游之所以昂贵,除了技术方面的限制以外,把飞船送上近地轨道需消耗数以万吨计的昂贵燃料,不管是航天飞机还是宇宙飞船,往来物体的运输成本都非常高。同时,飞船发射、跟踪联络及返回地面设施的费用也同样昂贵。所以,降低价格是扩大太空游市场的关键。美国航天事业从一开始就与商业公司紧密相连,航天商业化的目的之一是为了节省预算。但为了争夺政府订单,又要保障盈利,私企必须拿出低投入高回报的方案,以压倒竞争者。但显然,大量的成本压缩,势必提高风险系数,会埋下质量隐患。

2. 安全更重要

对于面向大众的旅游项目,安全性最为关键。但私企仍存在技术缺口是显而易见的。它没有 NASA 那样先进的技术水平和完善的监管体系,就免不了灾难事故的发生。私企存在的重复建设和散乱不成体系的发射系统也有较大问题。对于太空游,多家私企提出好几个方案,项目入手虽多,但非常杂乱。加之标准不统一,势必增加了潜在的风险。此外,商业载人航天的市场尚不成熟,存在一定的政策壁垒。

3. 游客自身

随着技术进步,航天飞行对人的生理要求将越来越低。游客虽不必像航天员一样,但在身体与心理素质满足基本要求后,仍需提前进行航天环境适应性训练;也需要有极大的决心和勇气承担到太空旅游可能引发的如"太空病"等各种风险。

太空游已提出多年,但未来的道路还很漫长。正如 NASA前任官员约翰·曼斯菲尔德所持的谨慎态度。他曾说过:"太空游必须便宜到 1%,可靠 100 倍,高效 100 倍。"或许,这就是梦想与现实的距离。每迈进一步,我们就更接近现实一步。

(四)太空旅游的衍生品

太空旅游业俨然将成为最刺激、最奢侈的一种行业。一些航天公司、私人企业正着手打造"太空旅馆""太空医院"等。

1. 太空旅馆

2007年6月29日,由美国旅馆业大亨罗伯特·比奇洛投资建造的"太空旅馆"二号试验舱——"创始二号",由俄罗斯"第聂伯"重型运载火箭发射升空并顺利进入预定轨道。事实上,在此之前,俄罗斯就曾于2006年7月用同种火箭将"创始一号"试验舱送入太空。资料显示,太空旅馆的概念由来已久,早在"阿波罗"飞船登月之前的1967年,著名连锁酒店公司希尔顿集团就提出了太空旅馆的构想,而日本的清水建筑公司后来也提出过类似的计划。然而,数十年来,太空旅馆却一直停留在概念上,从来没有谁为此真正投入过一分钱。所以,当比奇洛宣布将掏出5亿美元来建造太空旅馆时,很多人都抱着怀疑的态度。比奇洛表示,他的太空旅馆计划是在2010年以前向太空发射6~10个试验舱;2012年以前,发射首个载人太空舱;而到2015年以前,他拥有的世界上第一家私人商业"太空旅馆"将全面开张。61岁的罗伯特·比奇洛在美国是一个传奇人物,正是他想把"太空旅馆"的概念由梦想逐渐变成现实。其实,该"太空旅馆"计划的启动与NASA的"TransHab"项目有关。"TransHab"是NASA从1997年开始为国际空间站开发的一种充气载人航天舱。由于NASA的预算紧缺,该项目在已经取得大量成果的情况下于2000年被取消。1999年,比奇洛已经预先得知"TransHab"项目将被取消。比奇洛航天公司刚成立,他就联系了该项目的负责人威廉·施耐德博士,两人很快达成了合作的协议。NASA 也同意协助和支持比奇洛的进一步开发。在NASA 的帮助下,经过几年的规划、研究、设计,2005 年 10 月,比奇洛航天公司开始建造第一个"太空旅馆"试验舱"创始一号"。

与金属硬壳的航天器不同,比奇洛航天公司设计的"太空旅馆"试验舱由若干可充气膨胀的软壳模块组装而成,其最大优点是可节约发射成本。在短短的 9 个月后,它在 2006 年 7 月 12 日发射升空,这时已经没有人怀疑比奇洛是一个空想家了。按照比奇洛的计划,他的公司将在 2012 年发射首个载人太空舱。这个商业化的太空旅馆将会有 330 立方米的内部空间,宽大的窗口可以饱览地球和太空的美丽风光。在"太空旅馆"住宿一晚的最低费用是 100 万美元。太空旅馆的设计更是别具一格,其主体是一个庞大环形室。环形室内部有居室、公园、运动场、游泳池、娱乐场、商店、医院、影剧院等。在那里使用的交通工具是自行车和电动汽车。在环形室主体外部,设有工业区和农业区。在工业区里,各类工厂生产生活必需品,以供太空旅馆工作人员和旅游者之需。在农业区里,则划分成若干个大大小小的区域,它们之间的季节、时令、作物种类都是穿插生长的,以保证任何时候都有新鲜蔬菜和水果供应。农作物的生长是用阳光来控制的,这里的阳光是靠太阳光的照射、反射。在太空旅馆上设有一个巨大的天窗和反光镜,可以自行调节光的强度、照射时间和角度,从而形成了分明的昼夜和四季的变化。

生活在太空旅馆里的人们所需要的氧气是从水的分解中

获得的。因此,除了水的原料需要从地球运送外,其余资源都可向月球开发。太空旅馆里的空气是新鲜的,因为它全身的结构是密封的,再加上太空旅馆是一个真正的电气化世界,一切动力都使用太阳能发的电,既没有燃烧煤、石油所引起的环境污染,也不会产生使人担心的核发电酿成的核辐射。除此之外,在环形室的另一头,还设有供航天客机停泊的机场。它既可以接待来自地球的游客,也可以从这里乘航天客机去月球观光游览。全球第一座太空旅馆计划在 2012 年正式营业(是否已开业,至今尚无确切资料可以证实)。据介绍,太空旅馆采取仿生设计,联结组成的舱房就是酒店套房,外形看上去像一串葡萄。游客被安置在一颗"葡萄"里,身穿特制服装,可以像蜘蛛侠一样在房间里飞檐走壁,或是自由飘浮在空中感受失重的奇特感觉。

2. 月球旅馆

专家指出,月球旅馆是一座双子塔。预计从地球飞往月球大约需要两天时间,由于在月球着陆会产生尘云,因此着陆点距离旅馆会有一段距离。当游客离开尘云区后,就能看到远处的月球车,它能带你前往月球旅馆。月球旅馆建设在 5 千米深的峡谷边缘,在旅馆可以领略峡谷的美景。到月球旅行的大部分时间将在旅馆中度过,于是旅馆将会为游客提供大量的娱乐活动。游客可以通过参加重力游戏亲身体验低重力的感觉,这些游戏有：绳索下吊，游泳（游泳时可以像海豚般跃出水面），如果拥有一套蝙蝠装和足够的勇气，游客甚至可以飞起来。此外游客也可以一览月球的美景，可以远观悬在天空中的地球或者用超级望远镜观测地球。旅馆内还配有酒吧和房间。宾馆里没有电梯，因为在月球上锻炼身体很重要。在低重力状态下，如果缺乏运动，人的肌肉会迅速萎缩。除了在宾馆内活动之外，还可以到户外进行月球行走，但这需要一套太空服，并且只能组团进行，因为比较危险。通过乘坐月球车游览可能会更舒适一些，它可以带着游客去参观一些有趣的地方，其中之一就是"阿波罗"登月的着陆点，阿姆斯特朗在月球上留下的脚印依然可见，就像是在昨天发生的一样。

3. 银河套房

酒店总共约有 22 个房间，每间房间的面积为 28 平方米。它在世界上的同类项目中是首创，它将成为人类历史上第一家太空旅馆。银河套房酒店的不同太空舱分别被用作酒吧、餐厅、接待室等。在这里，房客足不出户就能领略到宇宙美景，每天可以观看 15 次日出，每 80 分钟绕地球环游一周。除此之外，人们还能在失重状态下体验泡沫丰富的"太空浴"。虽然入住价格不菲，但据设计方计算，世界上约有 4 万人能付得起住宿费用，只是他们是否愿意掏钱还不得而知。

4."空间岛"

空间岛由航天飞机的燃料罐串联起来组成,每个燃料罐的直径与波音 747 飞机机身相当。在轨道上可以建造多个这样的太空旅馆。这种燃料罐原本是航天飞机在飞行过程中自动脱落,在大气层中被焚毁的,希尔顿集团计划将这些燃料罐保留在太空中,改造成为太空旅馆,甚至还可能把其中的一个送到围绕地球和月球的轨道上。这种太空旅馆会给人们提供一个非常惬意的假期,游客在这种旅馆中生活,不仅能观赏到太空的壮丽景色,还能体验到失重环境下飘飘欲仙的感觉。与此同时,设在美国加州的太空岛屿集团计划建造一座更加宏伟的太空旅馆:它形似车轮,可接纳 500 位游客。

5. 宇宙饭店

日本的清水建设宇宙开发室制定了庞大的"宇宙饭店"的营建计划。根据这一计划,"宇宙饭店"将建在距地面 450 千米的太空中,全长 240 米,总重 7 000 吨。整个饭店由一个巨大的圆筒状物作总支撑,里面安装可供游客上下的自动升降电梯。在这个巨大的圆筒内,从上而下共分成四层:最上层专为吸收太阳的热量,并将其转换成新能源供应给有关部门使用。自上而下的第二层是由无数个小圆筒组成的直径达 140 米的大圆环,这个大圆环通过一个十字架形的筒状物固定在总支撑柱上。每一个小圆环就是一间客房,直径为 4 米,长 7.5 米。客房内设有卫生间、浴室和卧房等必要设施。第三层位于总支撑柱的中间,就像一个倒金字塔的建筑物,内设餐厅、游艺室、舞厅、会议室等。第四层在最下面,是供航天器始发和抵达时停靠的"站台"。据"宇宙饭店"的研发者介绍,这一空前宏伟的计划预计 2020 年可以正式投入使用。

6. 太空医院

把生病的航天员送回地面医治存在两个问题:一是可能因时间问题而危及航天员的宝贵生命;二是把生病的航天员从太空送回地面,花费是非常昂贵的,一般需 2 亿~3 亿美元。有没有"近水救近火"和相对便宜的办法呢? 有,那就是建造太空医院。但是,事情并不那么简单,在地面上很容易处理的疾病,在太空可能变得很复杂,如传染病如何隔离? 对生病的航天员能进行准确诊断和医疗吗? 还有,如地面上常用的透视方法——X射线会发生什么变化? 血液检验中能使用地面上的生化指标吗? 特别是能在太空能进行手术吗? 这些都需要进行探讨和实验。为探索能否在太空进行手术,苏联曾在抛物线飞行的飞机上,进行过失重状况下的外科手术试验。那是对一只兔子进行局部麻醉后的开腹手术。试验初步证明可以在失重环境中进行外科手术。不过,航天器上空间狭小,不容许建设大手术室和手术台;同时,人在太空飞行中免疫力降低,手术必须在绝对无菌环境中进行。根据这些特点,研究人员研制了一种在失重环境中进行外科手术的手术舱,这是用透明氟塑料片糊成的袖套式抗菌外科手术舱,一般装有2～3对手术手套。根据手术的需要,可随时改动和扩展。内有袖套式止血带和注射器,将需要止血或手术的部位伸进去就可止血和注射麻醉剂。小巧轻便的手术器械用尼龙搭扣贴在舱上。手术时,医生将双手插入手术套中,用手术器械进行手术。但是太空医院只能设在大型航天器上。

据专家透露,太空医院的结构为圆形,分别由以下几部分组成:一是连接轨道复合体的气闸舱和卫生舱段;二是研究舱段,主要是对空间站的航天员进行医学、生物学诊断和处置,该舱段将安装大量的科学仪器,并设计成模块式,以便按照实验计划进行快速置换;三是实验外科的手术舱,在这里可进行必要的外科手术和动物实验,舱内将安装桌式实验容器和麻醉仪器,以及其他各种医疗器械;四是生物体舱,设置各种实验用的生物体,每个舱由一扇坚固的门分隔,各种遥感和传感器的医疗数据由计算机贮存和处理。届时,将有一名医生和一名生物医学家在这里进行研究工作,周期为3个月。

NASA也有类似的想法,太空医院将在以下几方面为航天员提供医疗咨询服务:定期为航天员检查身体;医治受伤或患病的航天员及其他人员;减轻航天员因长期处在微重力状态下引起的生理失调;为航天员进行体育活动提供服务设施。此外还会提供一些"急救治疗"服务。

太空医院的建立,将给航天员及其家属带来安全感,消除他们患疾病难以得到治疗的后顾之忧,给他们的身体健康带来切实的保证,为人类长期航天创造更良好的条件。

航天科技邮票

西昌卫星发射基地

五、航天英杰谱

　　航天员是人类的英雄,是人类文明和博大智慧的传承者。人类载人航天之路充满着荆棘,为了实现探索太空的梦想,他们英勇拼搏、不怕牺牲、敢于挑战,练就了飞天的本领。他们的名字将永远镌刻在载人航天发展的丰碑上。他们中已有为数不少的航天英雄用自己的血肉之躯为人类铺就了通天之路……

(一) 人类首次飞入太空的
英雄——加加林

　　苏联英雄著名航天员尤里·加加林于 1961 年 4 月 12 日乘"东方 1 号"飞船,用 1 小时 29 分钟 34 秒的时间绕地球飞行一周,成为第一位飞入太空的人。

加加林 1934 年 3 月 9 日出生在苏联斯莫林斯克附近的一个农村，父亲是木匠。在第二次世界大战期间，德军曾一度占领了加加林的家乡。苏联反法西斯战争的伟大胜利，使加加林得以开始正常生活并上小学念书。小加加林聪明勤奋，老师很快发现他是一块可供雕琢的宝石，会成为一名有用的人才，甚至成为科学家。年轻的加加林则希望自己能成为一名飞行员。加加林确实具备飞行员所需要的特质：冷静、沉着、敏捷、果断。他在莫斯科进入了一所飞行员学校，并成为一名出色的飞行员，参加苏联空军后，他如鱼得水般发挥出自己的飞行才能。

当时正值苏联科学家在寻找能培养成航天员的年轻人，加加林决心成为航天员并报名参加选拔。1960 年苏联航天培训中心的专家和医生走遍全国，从 3 000 名候选人中挑选出第一批 20 名作为培训对象。加加林幸运地被列入其中，也是当之无愧的。经过特种实验室的考核，飞机上 4～5 次的失重训练，95 次离心机试验和 40 多次跳伞测定，最后在这 20 名中确定 6 人为首飞备选队员，而在确定上天前的第 4 天才选定了加加林。

1961 年 4 月 12 日清晨，加加林在酣睡中被医生叫醒（足见加加林的心理素质有多完善，曾经排在首飞第一位的航天员季托夫就是因为上天前心理压力太重而遭淘汰），吃了一顿特别的早餐，穿上了橙色的航天服。此时，拜科努尔航天中心碧空万里，预示着这次史无前例的远行会有一个好结果。2 小时后，加加林被固定在"东方 1 号"飞船内。飞船重 4 545 千克,包括直径2 米多的环形乘员舱和一个圆筒形的机械舱。乘员舱有 3 个观测窗口,另外还有监测温度、湿度和气体比例的仪表及电视摄像机等设备。机械舱中则装有动力、驾驶、降落及通信设备等。

等待火箭发射的人们总不免会有紧张焦急的心情,尤其是当事人加加林的心情应更加突出些,但加加林丝毫不紧张,他甚至这样描述他在飞船内的想法:我在那间特别的小房间里,可以闻到春天的气息。进入太空,这是一个很幸福的回忆。在发射升空的前几分钟,加加林对着话筒作了简短的精彩演讲:"巨大的飞船将把我带入遥远的宇宙空间……对我来说,这是我一生中最美妙的时刻,人类世世代代所向往太空的美好梦想将由我第一个来实现。我今天的行动不仅仅是我个人的光荣,更是伟大的苏联人民、全人类的光荣……,再见了战友们,为我凯旋祈祷吧!"莫斯科时间上午 9 时 7 分,SL-3 型运载火箭尾部喷出了炽热的橙色火焰,呼啸着托着飞船离开地面飞向阳光明媚的天空。加加林在升空后向地面控制中心报告他的感受和印象"美丽极了! 我看见了地球和上面的森林、海洋和云彩……"。当飞船被加速到每小时 2.7 万千米时,他的体重加大了 6 倍。当飞船进入近地点 180 千米,远地点 222～327 千米的预定轨道时,加加林体验到了失重,但没有影响他的工作。加加林在太空中的动作是敏捷而正确的,太空飞行仅 1 小时 48 分多的时间就将返回地面。10 时 25 分,飞船制动装置按照程序接通,飞船逐渐减速,离开了运行轨道,进入稠密的大气层,加加林从窗口看出去,飞船像一颗正猛烈燃烧着的火球,飞船会被熔化掉吗? 或许人们会有这种担心,但加加林并不担心,因为以前发射的无人飞船能安全返回地面,自己乘坐的飞船也一样可以安全着陆。10 时 55分,飞船将巨大的降落伞弹射出去,加加林和降落伞一起飘落到伏尔加河畔距预定着陆点 10 千米的一个村庄附近,平安从天外归来。鉴于加加林勇敢地开辟了人类通往太空的道路,证明了人类可以安全地进入太空所建立的不朽功勋,他荣获了列宁勋章和金质十字章,成为苏联英雄。

在 20 世纪 90 年代,美国索斯比拍卖行发现了一本世界首次载人航天飞行的地面指令长卡尔波夫上校的日记,上面记载了加加林飞行的全过程,说加加林在返回地球时遇到过麻烦。"东方 1 号"飞船返回地面的程序是制动火箭点火,座舱分离……卡尔波夫在日记中写道:"座舱与仪器舱不能及时分离,座舱在作疯狂的旋转。""故障,不要惊慌",很显然,卡尔波夫当时心情十分紧张,分离过程原计划用 10 秒钟,但实际上用了 10 分钟。在这 10 分钟里,制动火箭推力使飞船不断旋转打滚。不过万幸的是,两者最后终于分离了,否则第一个太空使者必将有去无回!

尤里·加加林凭借他的高超技术、沉着冷静的心理素质和幸运,成为世界上第一个飞入太空的人,荣耀与鲜花不断向他涌来……但是,几年后,尤里·加加林竟销声匿迹,几经求证才得知他已去世,他的死是一个谜,后来人们才知道他死亡的真相或许是这样：1968 年 3 月 27 日,加加林和飞行教练谢列金一起,为再次进入太空飞行进行飞行训练。他们驾驶的是经过认真检查最可靠的米格-15 歼击教练机。这次飞行由经验丰富、技术高超的一级试飞员谢列金担任检查员,加加林也做好了应付特殊情况的准备,但意想不到的空难还是发生了。经反复调查,从加加林最后一次飞行报告中获知：飞行员当时是在 8～10 级浓雾中飞行,显示距地面有 900 米高空,而实际上距地面只有 400～500 米,如此大的误差是加加林遇难的致命原因。当加加林接到返航命令后迅即从 4 200 米的飞行高度降到 3 000～3 500 米,由于云层密布,又可能陷入了前面飞机高速动作引起的大气涡流中等种种因素,造成气压高度计的信号迟钝,出现空前的距地面高度数百米的误差。加加林根据测高计显示的高度认为一切正常,就放心地驾机俯冲出云层,只见飞机离地面高度仅 250～300 米,而且俯冲角度达 70°～90°,这意味着飞机着陆只有 1 秒多的时间,在如此短暂的时间内,飞行员是无法采取任何补救措施的,即使预先已准备了应急手段。就这样,苏联英雄尤里·加加林和弗·谢列金同时遇难。为了纪念加加林所建立的不朽功绩,国际航空联合会专门设立了加加林金质奖章,并以他的名字命名了月球背面的一座环形山。苏联政府还在加加林凯旋而归途经莫斯科的列宁大街上,建立了一座 40 米高的纪念碑,在纪念碑上站立着 12 米高的加加林塑像,他目视前方,表明他的心永远向着太空,向着航天事业。

（二）巾帼不让须眉

1. 世界第一位女航天员

瓦连金娜·捷列什科娃于 1963 年 6 月 16～19 日,乘坐"东方 6 号"飞船在太空遨游 70 小时 50 分钟。至今,她仍是世界上唯一的单独飞行近 3 天的女性。1937 年 3 月 6 日,捷列什科娃出生于莫斯科东北的一个集体农庄。1955 年,她在一家纺织厂工作。不久,她迷上了跳伞,进行过 63 次跳伞训练,并成为纺织厂工人跳伞俱乐部的负责人。加加林成为人类首次太空飞行的航天员后,无数年轻小伙子和姑娘们无不仰慕他,捷列什科娃也是其中之一。在加加林的影响下,她和女友一起参加女航天员的选拔。经过严格的选拔和艰苦的训练,捷列什科娃等 4 名女性成为苏联的首批女航天员。

训练是残酷的,从 1962 年开始持续了近两年的时间。在这两年中,她们学习了有关空间医学、火箭发动机、天体运行机制、轨道动力学和飞船设计等方面的知识,接受非人的生存训练、空降训练等,还进行了体能和心理训练以及在特殊情况下的专门训练。总之,她们所通过的训练项目并不亚于男性航天员的训练内容,完全满足航天员的考核要求。直到升空前的两个星期,捷列什科娃才"捷"足先登成为世界上第一位女性航天员和"东方 6 号"的指令长。

1963 年 6 月 16 日清晨，捷列什科娃穿上那件既显得笨重又不失漂亮的航天服，前往火箭发射场。捷列什科娃的心情很好，她说："虽然太空服有 90 千克重，但在我的胸前一侧绣有美丽的和平鸽，另一侧绣的是海鸥，因为我的飞行代号是'海鸥'。要比男航天服漂亮多了……。""东方 6 号"在雷霆万钧声中徐徐离开发射架，直刺蓝天！飞船在加速飞行，捷列什科娃全身感到异乎寻常的重，重得动弹不得……，飞船终于入轨了，捷列什科娃顿时感到异乎寻常的轻，轻得不知道自己的身体在哪里。

　　"东方 6 号"入轨后与比它早两天发射入轨的"东方 5 号"进行联合飞行。捷列什科娃这样描述自己在太空中的感受：

　　"我在飞船中就像在自己的家中一样，而且几乎睡意全无，因为我不想漏掉在天上时的任何细节。我在地上会做梦，但在太空中却没有做过梦。在地球上难以想象我们的星球是那么美丽壮观，它呈现出不同的颜色和光泽，给我的印象太深刻了。"

　　捷列什科娃在太空中遨游了 70 小时 50 分钟，航程达 200 万千米后和"东方 5 号"飞船同一天返回地球。捷列什科娃毕生的太空飞行仅这一次，但是在 2000 年 10 月 9 日，英国"年度妇女"国际学会还是授予她"20 世纪女性"的荣誉称号。

　　这次太空飞行按预定计划只需飞行 24 小时即可返回地面。由于她自我感觉良好，经向地面控制中心请示得到批准，飞行延长至近三昼夜。对延长飞行时间，她是这么说的：

　　"当我在太空中看到无比壮观的地球时，实在抑制不住内心的激动,我对它产生了深深的眷恋。我向这颗美丽的星球提出延长在太空逗留的时间……这次飞行是我一生中最大的幸福。"

捷列什科娃的这次太空飞行出色地完成了预定的生物医学和工艺实验任务,并着重研究了太空飞行对妇女可能带来的影响。同时和"东方5号"密切配合,在轨道上进行编队飞行、互相摄影,拍摄到地球表面、云层、月球、太阳及其他星球的大量照片……这位纺织女工出身的航天员,凭着她具有勇往直前、接受考验、克服困难的顽强精神,不仅学会了驾驶各种喷气式战斗机的本领,而且掌握了操纵宇宙飞船的技能,在航天史上开创了新的一页!

2. 世界第一位太空行走的女航天员

1984年7月17日,苏联发射"联盟T－12号"飞船升空。飞船上载有女航天员萨维茨卡娅和另外两名男航天员(尼拜科夫和沃尔克)。18日23时17分与正在太空运行的"礼炮7号""联盟T－11号"联合体对接飞行。按照这次太空飞行的计划,7月25日傍晚,萨维茨卡娅穿上航天服与指令长尼拜科夫结伴,走出"礼炮7号"空间站,实施太空行走,用万能工具进行切割、焊接操作。

萨维茨卡娅所承担的任务是用电子束切割一块固定的金属品,并把两块金属板焊成一块,再在已焊成一块的金属板表面喷上一层银。整个过程(切割、焊接、喷涂)操作极为困难,因为在太空中作业与在地球上作业有很大的不同。比如,用锤子钉钉子,在地球上作业应该没有什么难度,但在太空中就不一样了,钉钉子产生的反作用力足以把操作者弹开。拧螺丝帽也是一样,螺丝帽产生的反作用力可以使操作者向着相反的方向旋转,萨维茨卡娅必须一点一点地去适应太空中出现的反常现象。太空的气候条件更是十分恶劣,以温度来说,向阳时可达140℃,背阳时竟会降到-140℃,虽然身上穿着航天服可以保证不受温度的巨变带来的损伤,但也需要时时刻刻小心谨慎,以免航天服在操作过程中受到意外破坏导致可怕的后果。萨维茨卡娅此次进行太空作业与太空行走,共花去3小时35分钟,并安全返回空间站,出色地完成了在太空中的各项作业。萨维茨卡娅成为世界上第一位在太空行走的女性。

萨维茨卡娅1948年8月8日出生于莫斯科,父亲是空军元帅,两次获得"苏联英雄"称号。父亲的飞行经历对她产生了深刻的影响,"我也要飞行!""我要到月球去野餐!""我要到星座去旅行!"童年的萨维茨卡娅对太空飞行充满着幻想。当她上九年级时,就成为跳伞运动队的队员,并且创造了1.4万米高空跳伞的世界纪录。到17岁时,她已创造3项世界纪录。1970年在英国哈拉维顿航空基地举行的跳伞比赛中,她力挫群芳,夺得高级特技飞行的世界冠军。她从莫斯科航空学院毕业后,已驾驶过20多种飞机,创造过18项世界纪录。1980年应征女航天员的选拔即被录取,在经受极其严格的训练后,萨维茨卡娅成为有两次太空飞行经历和世界上第一位在太空行走的女性。

3. 两位太空飞行时间最长的女航天员

叶莲娜·康达科娃 1994 年 10 月 4 日乘"联盟 TM-20 号"发射升空,和她同行的还有俄罗斯男航天员维克多连科和德国航天员默博尔德。此次飞行是一次创纪录的持久太空飞行。这位俄罗斯女工程师说,女性在太空上并不比男性差。这次飞行原定在太空滞留 157 天,应于 1995 年 3 月 9 日返回地面,但实际上着陆时间延至 3 月 22 日,总计飞行 169 天才返回家乡,创造了当时女航天员飞行时间最长的纪录。在她之前,女航天员在太空飞行的时间最长不超过 10 天。

美国女航天员香农·露西德于 1996 年 3 月 22 日乘坐"亚特兰蒂斯号"航天飞机发射升空,第二天即在 395 千米的轨道上与俄罗斯"和平号"空间站对接成功,露西德成为第一位进驻"和平号"空间站的美国女航天员。为建造国际空间站进行前期工作的准备,原计划 7 月 31 日仍由"亚特兰蒂斯号"航天飞机接回地面,由于诸多原因直到 9 月 26 日才返回地面,在太空共飞行了 188 天,打破了俄罗斯女航天员康达科娃创造的 169 天世界纪录,成为世界上在太空飞行时间最长的女性。

露西德同时还是世界上第一位 5 次飞入太空的女航天员。1996 年 3 月 22 日是她第五次飞向太空,当时她已年过半百,还是 3 个孩子的母亲。1943 年 1 月 14 日她出生于中国上海,1978

年被选拔为美国航空航天局第 8 批航天员。她的五次升空时间分别为：

1985 年 6 月 17 日，第一次升空，她已 42 岁，作为飞行任务专家，负责在轨道上施放和回收一颗"斯巴达 1 号"科学探测卫星及其他各项任务。这次太空飞行共 7 天时间，她顺利完成了预定的任务。

第二、第三次升空均乘坐"亚特兰蒂斯号"航天飞机，她承担的主要任务是在太空施放"伽利略号"木星探测器和施放一颗跟踪与数据中继通信卫星。时间是 1989 年 10 月 18～23 日和 1991 年 8 月 2～11 日。

第四次升空乘坐"哥伦比亚号"航天飞机从事生命科学的实验。历时半个多月（1993 年 10 月 18 日至 11 月 1 日）第五次升空胜利返回地面后，露西德感到告别太空生活已近在眼前，虽然会有依依惜别之情，但同时她为创造了太空飞行新纪录而感到幸福与自豪。

4. 第一位妈妈航天员

美国女航天员安娜·费希尔于 1984 年 11 月 8～16 日乘坐"发现号"航天飞机升空，此时她已是一个有一岁半女儿的妈妈。安娜作为随机工程师，主要负责操纵航天飞机上 15 米长的机械臂，协助两名进入太空的男航天员捕捉两颗已失效的卫星。为了能熟练掌握这项操作技能，她在地面训练时，就用了数百小时,"熟能生巧",在拯救这两颗卫星的过程中,她与同伴配合密切,操作得心应手。在胜利完成拯救失效卫星的同时,她和同伴们还在太空成功地施放了两颗通信卫星,并进行了一系列科学实验,其中包括在太空失重条件下制取纯净的有机晶体。安娜对航天事业一往情深,对太空飞行恋恋不舍。她说,她要继续过令人神往的航天员生活。如果有可能,她要到太空基地去当一名太空医生,因为这是她的老本行。

安娜 1949 年出生在美国纽约州的阿尔巴尼,1971 年毕业于洛杉矶的加利福尼亚大学化学系,后进入该校医学院深造,1976 年获医学博士学位,并在一家医院当内科医生。1977 年她与威廉·弗希尔博士结婚。1983 年 7 月,他们有了一个女儿,尽管有了女儿,但这一对夫妇航天员仍钟情于太空飞行,并常带着幼儿去训练装置处玩耍,似乎他们已在着手培养自己的女儿将来也成为一名航天员。

(三) 第一位太空行走的航天员

"太空行走",这是一种通俗的说法。正式的说法是"航天出舱活动",航天员到航天器座舱以外去行走或活动并不像地球上的人们到野外去散步那样轻松和简单。而且太空行走,实际上一双脚是派不上用场的,更多的倒是手还起些作用。

世界上第一位进行太空行走的航天员是苏联的阿列克谢·阿尔希波维奇·列昂诺夫。1965年3月18日,列昂诺夫与另一位苏联航天员别列亚耶夫在执行"上升2号"飞船飞行任务时,列昂诺夫成功地进行了人类航天史上第一次出舱活动,离飞船仅5米远,身上还绑了一根长绳子。因为没有这根绳子拖住,航天员稍一用力就可能飘移出去,一旦飘离航天器过远就有可能回不来了。因此,这是一根安全绳索,一根维系航天员安全的生命线。

　　但是话又得说回来,航天员身上绑一根绳子,比如列昂诺夫,只能离开航天器5米远。那么若要到离航天器比较远的地方,当然可以将这根安全带的长度放长。问题又来了,万一安全带发生缠绕(有时为了更可靠些,绑了两根安全带),就会给航天员在太空行走时带来极大的麻烦。

　　于是科学家们研制出一种可以在太空中自由行走的喷气背包,可以摆脱那条限制航天员活动范围的绳索。动画片《铁臂阿童木》中,阿童木双脚下装有两个喷气筒,利用喷气产生的反作用力可以推动阿童木自由飞翔。现实中,航天员身上背的那个喷气背包与阿童木脚上的喷气筒作用相当。1984年2月7日,在美国航天飞机第10次飞行中,航天员布鲁斯·麦坎德利斯和罗伯特·斯图尔特先后离开"挑战者号"航天飞机,喷气背包中的喷气把航天员推离到距"挑战者号"航天飞机97米远的地方,然后又安全返回。显然靠系绳办法很难达到如此远的距离,即使能接近这个距离,危险性也大大增加。麦坎德利斯先出舱,靠这个喷气背包中喷出的氮气推动他离舱达 45 米,在太空停留了 90 分钟。接着斯图尔特出舱,操纵喷气背包,飞离航天飞机 97 米,在太空停留 60 分钟。如果形象地进行描述,就是这样:这两位航天员先后在太空中行走,相当于在距地球 280 千米的轨道上,以每小时 2.8 万千米的速度,风驰电掣般地绕地球飞行。如此高的飞行速度听起来很吓人,其实,地球作为绕太阳运动的一颗行星,时速高达 10.8 万千米,几乎是这两位航天员绕地球旋转速度的 4 倍。地球上的人身处如此高的速度中都毫无感觉,难怪航天员以 2.8 万千米的时速在轨道上行走,也能若无其事"胜似闲庭信步"了。因此,我们可以这样说:世界上第一位系绳出舱实现太空行走的航天员是苏联的列昂诺夫,而世界上第一次不系绳出舱实现太空行走的航天员是美国的麦坎德利斯和斯图尔特。

　　喷气背包实际上是一种喷气机动推进器,是用铝合金做外壳,高 1.24 米、宽 0.8 米、厚 0.66 米,内部装有微型计算机、自动驾驶仪、银锌电池和两个高压氮气瓶,外部有 24 个小喷气孔,每个小孔喷氮气时可产生 5.9 牛顿推力。航天员可以用双手操纵背包上的左右手柄,控制氮气从不同方向喷出,以控制运动方向。手柄上还有距离刻度,可以知道自己离开航天器已有多远。用这样的方法,喷气机动推进器能沿各个方向自由运动,可以在太空中翻跟斗、旋转、悬停、侧滑、滚动和改变姿态。

（四）第一次登月的两位航天员

1969 年 7 月 16 日，"土星 5 号"运载火箭耸立在美国肯尼迪航天中心，当地时间 9 时 32 分，随着一阵轰鸣，月球飞船喷着橙色火焰和云雾发出惊雷般的吼声飞向高空，"阿波罗 11 号"月球之旅拉开了序幕。7 月 20 日，是"阿波罗 11 号"登月飞行的第五天，是登月舱降落月球的日子，也是月球探险即将开始的一天，登月航天员阿姆斯特朗和奥尔德林的心情格外激动、兴奋和紧张。至下午 4 时 5 分，登月舱距月球最近点只有 14 千米，离着陆月面还有 12 分钟。登月舱离月面越来越近，14 000 米、10 000米、9 000 米……突然计算机警报灯闪亮，表示出现故障，地面指挥控制中心则命令登月舱内航天员不要多虑，继续登月行动。这真是一场虚惊，计算机警报灯自动熄灭时间在悄悄过去，登月舱已经接近月面，25 米、20 米、15 米，卷起了月面尘土，接触灯亮了，表明已触及月面！此时是美国东部时间 7 月 20 日 16 时 11分 40 秒。从地球发射起，"阿波罗 11 号"飞船飞行了 102 小时45 分。尽管柯林斯仍在绕月轨道上孤单地飞行着，但是喜悦之情也是溢于言表。"你们干得不错啊！这可是惊人之举，棒极了！"这是柯林斯的讲话，但却表达了地上亿万人的心声。

还在登月舱中的阿姆斯特朗和奥尔德林则开始准备下一个重大行动——月面行走。两位航天员先吃点东西，这是人类在月球上的第一顿饭,然后用 2 个小时做出舱准备,在对仪器设备进行了最后的检查,确信无故障后,两位航天员身穿月面航天服,背上所需的其他装置离开登月舱。阿姆斯特朗在月球上踏下第一个脚印的时间是飞船发射后的 109 小时 24 分 20 秒,美国东部时间是夜间 10 时 56 分,阿姆斯特朗说出了一句载入史册的话:"对一个人来说,这是一小步,但对人类来说,这是跨了一大步。"人类千百年来的登月梦想终于成为现实。这两位航天员在月球上度过了 21 小时 36 分钟,收集了月球上 340 千克的土壤和岩石样品,拍摄了照片,用铝箔捕捉太阳风质点,安放了测试、记录月球震动的月震仪、精确测量与地球距离的激光反射器以及其他一些物品,比如一块金属板,上面写着:"公元 1969 年 7 月,来自地球的人在这里踏上月球。我们为全人类的和平而来。"

阿姆斯特朗 16 岁时就获得了学生飞行员证,后进入海军。1955 年从普渡大学毕业,获航空设计学士学位,开始为 NASA 工作,担任过航空研究飞行员,驾驶过喷气战斗机。在"阿波罗 11 号"飞船飞行时担任指令长,是第一个踏上月球的人。

布兹·奥尔德林,1963 年被 NASA 选拔为航天员,1966 年参与"双子星号"飞船的第一次太空飞行,在 4 天的太空飞行中,进行了 5 个半小时的太空行走。1968 年成为"阿波罗 8 号"飞船的候补航天员,"阿波罗 8 号"是环绕月球轨道飞行的航天器,他承担了飞行前修改导航系统程序的任务。1969 年成为"阿波罗 11 号"飞船的机组人员,并于 1969 年 7 月 20 日继阿姆斯特朗后成为第二个踏上月球表面的人。返回地球后,他曾在美国航空航天局为一项航天发射计划工作,并获得过麻省理工学院博士学位。1971 年在爱德华兹空军基地飞行员学校任校领导。1973年他撰写了自传——《返回地球》一书。

(五) 太空飞行时年龄最大的航天员

世界上执行太空飞行任务时年龄最大的航天员是美国的约翰·格伦。1998 年 10 月 29 日,格伦以 77 岁高龄,与另外 6 名航天员一起,乘坐"发现号"航天飞机再上太空飞行。在这次为期 9 天的太空生活中,他对自己的身体进行 10 项医学实验,并利用太空条件来寻找抵抗衰老、延缓衰老的有效途径。格伦当时提出重返太空,人们都心存疑虑。为了保证他的安全,美国航空航天局对格伦进行了比一般航天员更为严格的身体检查,检查结果符合要求,格伦终于如愿以偿。在经过 6 个月的训练后,格伦又一次踏上飞向太空的征程。在太空飞行中,他以自己的身体作为医学试验的对象,具体内容有:研究老年人骨密度、肌肉、免疫功能、心血管系统等在失重条件下的反应,由此提供了有价值的实验和试验数据。同时,格伦还进行了植物生长、药物提纯及动物行为观察等科学试验。总之,格伦的行动为航天医学的研究作出了贡献,而其本人也是载人航天界的一位传奇人物。

格伦于 1921 年 7 月 18 日出生在美国俄亥俄州坎布里奇。1939 年进入密执安大学,后转入海军航空学校。1943 年成为战斗机驾驶员,1953 年进入马里兰州试飞员学校,1959 年 3 月被选为"水星号"飞船预备航天员,4 月即成为"水星"航天计划航天任务组成员。1962 年 2 月 20 日,格伦乘坐"水星 6 号"飞船从卡纳维拉尔角发射场进入太空,在 261 千米高的地球轨道上遨游 3 圈,历时 4 小时 55 分 23 秒,最后溅落在大西洋,安全返回地球。格伦在太空归来时发表讲话:"水星 6 号"的飞行成功仅是一个开始,这只是一块基石,我们将在这块基石上,建造更加雄伟的宇航事业。当格伦以 77 岁高龄再次太空飞行返回地面时发表感想:"两次飞行任务不同,感觉也不一样。1962 年第一次飞行,人是被绑在飞船里一动也不能动的。这次就不一样,可以在舱中自由活动,这是一个划时代的变化。"

格伦是一个具有强烈事业心和进取精神的人,勇于面对挑战,对新事物既抱有浓厚的兴趣,又有冷静的处事能力。他有近 9 000 小时的飞行员累计飞行时间的经历,而且曾完成 149 次飞机试飞任务,获得过 23 枚奖章。格伦还曾获得过科学学士学位和工程科学荣誉博士学位。

说起老当益壮的航天员,还有一位美国航天员斯托里·马斯格雷夫,这位自称"生命可以从 60 岁开始"的航天员于 1996 年 12 月 7 日以 61 岁高龄乘坐"哥伦比亚号"航天飞机完成一次为时 18 天的太空飞行任务,同时成为第一个 6 次乘航天飞机遨游太空和第一个参加过美国全部 5 架航天飞机飞行的航天员。当然他最近一次太空飞行时的年龄要比格伦小很多,但毕竟已跨入花甲之年。正如 NASA 飞行负责人利斯马所说的:"如果是另外一个 61 岁的人,我会非常担心,但对马斯格雷夫却不会……"

马斯格雷夫的 6 次太空飞行时间是:1983 年 4 月 4~9 日,乘坐"挑战者号"航天飞机升空,并进行太空行走 4 小时;1985 年 7 月 29 至 8 月 6 日,再次乘坐"挑战者号"航天飞机升空,开展 7 门学科的 13 项实验工作;1989 年 11 月 23~27 日,乘坐"发现号"航天飞机升空,在太空施放一颗军事通信卫星;1991 年 11 月 24 日至 12 月 1 日,乘坐"亚特兰蒂斯号"航天飞机升空,释放一颗导弹预警卫星,由于机上导航装置失灵,被迫提前 3 天返回地面;1993 年 12 月 2 日乘坐"奋进号"航天飞机升空,并 5 次出舱进行太空行走,还修复了哈勃望远镜;1996 年 11 月 19 日至 12 月 7 日乘坐"哥伦比亚号"航天飞机升空,成功释放和回收两颗卫星。值得一提的是,在这次飞行中,马斯格雷夫填写了器官捐献卡,鼓励人们捐献器官用于移植手术。

(六)中国的英雄航天员团队

中国载人航天奇迹的背后有着一群英勇拼搏、不怕牺牲、敢于挑战的航天员队伍。他们的名字将永远镌刻在中国载人航天发展的丰碑上，他们是：杨利伟、费俊龙、聂海胜、翟志刚、刘伯明、景海鹏、刘旺、刘洋、张晓光、王亚平。

1. 中国飞天第一人——杨利伟

杨利伟是中国第一位遨游太空的航天员。2003 年 10 月是他生命中最难忘的时刻。一声"点火"令下，杨利伟乘着飞舞的火龙，拔地而起，"神箭"像一列竖立的巨大火车，向着天空徐徐飞升，再也没有任何东西可以阻挡它的去路，从地球表面冲向太空，那巨大的声响、壮观的尾气，足以震撼人们的心灵。躺在庞然大物里的杨利伟自然感受到了巨大的震撼，先是高达上百分贝的噪声袭来，仿佛有上百条小虫子想拼命钻进他的耳朵。紧接着，火箭带动飞船开始剧烈地震动，就像乘坐一辆时速上百千米的汽车从楼梯飞驰而下。有一段时间抖动得几乎看不清显示屏上的数据。同时还有加速度带来的超重，仿佛有几个人同时坐在他的身上，压得喘不过气来……9 时 9 分 47 秒，当最后一级火箭被甩掉，飞船进入了预定轨道，杨利伟感觉自己的身体"没"了，他的头脑很清楚：奇妙的失重已经降临，自己已经进入了太空。

在太空中，杨利伟美美地享用了充满中国风味的饭菜（如八宝饭、鱼香肉丝等）以及用中药和滋补品制成的饮料，当飞船绕地球运行第七圈时，他展示出中国和联合国旗帜，并向全世界人民问候。20 多个小时后，杨利伟在"神舟"飞船上已经绕地球飞行了 14 圈,这意味着返回的时刻到了。返回阶段是整个飞行最关键的时刻,也是最危险的阶段,飞船要以 8 千米/秒的速度冲进大气层,船体将经受数千摄氏度高温的考验。"黑障区"更是折磨人的地方,尽管只有短短的几分钟。此时只听到飞船与大气层摩擦产生"轰轰"的撞击声,飞船已成一个大火球,杨利伟就像坐在《西游记》中太上老君那熊熊燃烧的炼丹炉中,但一切安然无恙。几分钟后与地面的通讯已经恢复,这是成功冲出"黑障区"的标志。在飞船即将落地前,反冲发动机点火,为的是减少落地时的振动,准确判断加上及时切断伞绳,飞船完美落地,中国载人航天的首次太空之旅也画上了完美的句号。杨利伟作为中国载人航天的首飞航天员当之无愧地成为航天英雄。

1965 年 6 月 21 日,杨利伟出生在辽宁省绥中县的一个教师家庭,从小受到良好的家庭启蒙教育,为杨利伟后来的学习成才奠定了坚实的根基。1983 年夏季,杨伟考进空军第八飞行学院,成为天之骄子。由于天资聪慧,加上勤奋刻苦努力,他迅速掌握了飞行技术,很快成为飞行骨干。1996 年初夏,杨利伟接到通知赴青岛疗养院参加航天员初选体检。一开始,他并没有抱太大希望,但随着体检一关一关通过,他的信心越来越强,想当航天员的心情也变得非常强烈和迫切。不久,他便接到了到北京进行体检复查的通知。为了做好充分准备,他提前 3 天到空军总医院报到。他的临床医学和航天生理功能各项检查的指标达到优秀,令评选委员会全体专家信服。1998 年 1 月,杨利伟正式成为中国航天员大队的一员。在北京航天员训练中心,无论是基础理论,还是体质训练、心理训练、专业技术训练、飞行程序与任务模拟训练、救生与生存训练等,杨利伟以他对航天事业的无比热爱和执著追求,严格要求,精益求精,各项训练成绩都是同伴中的佼佼者。他逐渐掌握了飞行动力学、空气动力学、地球物理学、气象学、天文学、宇宙航行学、火箭与飞船的设计原理结构、导航控制、通信、设备检测以及航天医学方面的知识,并在与真实飞船相同的训练模拟器上按照航天飞行程序进行无数次从发射升空、轨道运行到返、着陆的模拟飞行。

在载人航天飞行训练中,超重耐力训练是对航天员自我极限的最大挑战。善于动脑的杨利伟每次做完训练后,都及时总结经验,掌握好抗负荷用力和频率的度。慢慢地,他达到了 8 个 G 以上,越做越轻松。做大载荷时,他最高心率达到每分钟 110 上下,跟平时心率没什么区别,成为同伴中抗负荷成绩的佼佼者。

2. 中国首位女航天员——刘洋

我国女航天员参加载人航天飞行任务,填补了我国女性航天飞行的空白,可以带动女航天员相关飞行产品的研制和女航天员地面训练等方面的技术发展,积累女性在生理、心理及航天医学方面的飞行实验数据,还可以进一步扩大载人航天工程的社会影响，展示中国女性的良好形象。作为我国首位飞向太空的女航天员，同时又是第二批航天员中首位执行任务的代表，刘洋自然是乘组中的"焦点"。"神舟九号"任务中，刘洋主要负责航天医学实验和空间试验管理，内容达数十项。每一项科学实验，刘洋都完成得非常出色。

刘洋曾任空军某飞行大队副大队长，安全飞行 1 680 小时，被评为空军二级飞行员。2010 年 5 月正式成为我国第二批航天员。2012 年 3 月，入选"神舟九号"任务飞行乘组。初中高中阶段，刘洋的学习一直名列前茅，一直担任班级组织委员，还被评为优秀学生干部、三好学生。毕业前，适逢空军到河南招飞，刘洋通过层层严格的体检，以超过当年地方重点院校录取线 31 分的高分，被长春第一飞行学院录取，成为一名女飞行员。她是新中国成立以来，空军在河南招收的首批女飞行员。在同批女飞行员中第一个"放单飞"。刘洋的飞行生涯并非一帆风顺，充满了风险和挑战。刘洋在飞行训练中曾遇到飞鸟，面对机毁人亡的危险，她沉着冷静，继续保持飞行状态，最后将飞机稳稳地降落在跑道上。

对于一位进入航天员大队刚满 2 年的"新兵"，要担负"神舟九号"的飞行任务，这对刘洋是一次严峻的考验。刘洋深知自己的责任，她一门心思扑在学习训练上。按照刘洋现在的成绩，她可以像男航天员一样，8 倍于自己的重量压在身上，依然可以保持头脑清醒，正常操作。

（七）万里长空且为英魂舞

载人航天是一项异常庞大复杂并带有很大探险性的活动。虽然从一开始就在高安全性、高可靠性等方面采取了严密的措施,在航天过程中的各个阶段都有救生手段。再加上航天员的自救和互救,使一个细节和一个细节之间如连环锁一样紧紧相扣,因为它们托起的是航天员的生命!

但毋庸讳言,在美、苏(俄)实施各自的载人航天工程以来,在地面试验、训练、发射、在轨运行和返回再入时仍然发生过重大灾难性事故,已有 22 名航天员为太空飞行献出了宝贵的生命。可以这样说,人类在载人航天中能取得如此辉煌的成果,与已献身的航天员用生命铺就的航天大道是分不开的。

我们在缅怀为航天事业献身的英雄们的同时,吸取事故发生的教训是非常重要的。

1. 掉以轻心的代价

美国实施"阿波罗"登月计划后,1966 年发射了"阿波罗 1～3号"均为亚轨道飞行试验,"阿波罗 4 号"准备进行第 1 次载人轨道飞行试验,选定的航天员是 31 岁的海军少校罗杰・查飞,36岁的空军中校爱德华・怀特和 41 岁的空军中校弗吉尔・格里森(他曾参加过"水星计划"和"双子星座计划"的飞行)。按原定计划飞行将从 1967 年初进行。可是,正准备飞行时,"阿波罗"飞船发生了一场严重的火灾,无情的大火不仅夺去了这三位优秀航天员的生命,还对整个"阿波罗"计划产生了巨大的冲击,迫使原计划推迟了。

事故的发生是这样的:1967 年 1 月 27 日下午,在美国肯尼迪航天中心的 39 号发射台上,95 米高的发射塔上耸立着"土星 IB"火箭,在它的顶端装着"阿波罗 4 号"飞船,箭船总高达 68 米。飞船密封座舱的座椅上躺着 3 名已全副武装的航天员,怀特居中,格里森在左,查飞在右。他们正在进行地面试验,除火箭没有加注推进剂外,一切按倒计时的发射程序彩排。由于火箭中没有推进剂,大家并不认为这是一次危险的试验,有点满不在乎,因此也没有消防人员和医生等应急救助人员在场。下午 6 时 30 分,试验已进行到最后几秒钟。就在这时,灌满高压纯氧的飞船密封舱中突然燃起熊熊大火,一阵强烈的闪光过后,整个舱内充满了浓烟和火焰。一台对准舱口观察窗的电视监视器记录下了部分灾难实况:最初,平时显得暗淡的座舱内蹿出了耀眼的辉光,接着便见到火焰燃起,越过观察窗,这时看到怀特的双手正举过头部朝已被紧锁的舱门伸去,似乎在乱摸什么,过了一会儿他又再次伸出手臂。从左面映入视线的是另一双手臂,可能是格里森的,烈焰在燃烧,图像消失了。无论是航天员从里边,还是在场的工作人员从外边都无法立刻打开被紧锁着的舱门。待救援人员赶到并花费好大的劲将舱门打开,这时三位航天员已被大火吞没,烧死了;格里森仰卧在座舱的地面上,他曾爬到这里试图逃离大火;怀特在最后的时刻放弃了打开舱门的希望,横躺在飞船的舱门下;查飞则躺在他的靠椅上。他们永远地离开了他们为之倾心的岗位。

由于掉以轻心,造成了载人航天史上的第一次重大死亡事故,无疑给"阿波罗"计划带来了巨大的损失,事故的阴影笼罩在许多人的心头。但正如格里森生前说过的那段话:"若是我死了,大家要把它当作寻常事。我们所做的是一件冒险的事业。我希望,万一我发生意外,不要耽搁计划的进行……"太空飞行并没有就此中止,而是继续进行。1968 年 10 月,新的试验又开始了。

灾难发生后,经调查查明,这次起火的直接原因是飞船内导线短路,电火花引燃了舱内的塑料制品。"阿波罗"飞船采用的是 1/3 大气压力的纯氧方案,加上由于着火后飞船内形成负压,此时无论在外面还是里面,在极短时间内都是无法打开舱门的。

2. 祸起降落伞

1967 年 4 月 23 日,苏联研制出威力更加强大的运载火箭后,实施"联盟号"计划,于当天时间在拜科努尔航天中心发射了"联盟 1 号"飞船,执行这次飞行任务的是担任过"上升 1 号"飞船指令长的弗拉基米尔·米·科马洛夫。他驾驶着重达 6.5 吨的"联盟 1 号"飞船在太空绕地球飞行了 18 圈,历时 26 小时 45 分钟,圆满地完成了各项预定任务,并宣布即将返回地面。此时此刻苏联全国的电视观众都在收看"联盟1号"胜利返航的实况。科马洛夫的母亲、妻子、女儿及几千名各界人士也都在飞船着陆基地等待迎接航天勇士的归来。

地面控制中心告知他采用离子定位返航,但无法实现绕地球飞行,至第19圈时,地面控制中心又指令他采用手动方式返回。尽管当时飞船还处在地球阴影之中,科马洛夫仍控制着飞船并借助陀螺仪使飞船保持平衡。当飞船飞出地球阴影时,他已用手控校正了飞船的姿态,并向地面控制中心报告飞船正在脱离运行轨道向地面飞来。地面指挥人员都轻松地松了一口气,以为科马洛夫将很快胜利返航。但是,事情却发生了严重的逆变:由于控制系统失灵(很可能是飞船的一块太阳能电池帆板没有打开而造成的),为了使飞船保持稳定,科马洛夫使飞船有控制地作自旋滚动。但这样一来,飞船再入大气层时的超重大大超过允许的数值,达到 $8 \sim 10$ g(即地球重力加速度),是设计值的两倍,使科马洛夫产生短时头晕,无法掌握飞船的自转,导致施放出去的降落伞伞绳缠绕,降落伞张不开,在地球引力下,飞船以时速900多千米的速度向地面撞去。面对这一突变情况,尽管地面控制中心采取了一切可能的救助措施,但均无济于事。根据计算,两小时后飞船将坠毁在地球上,灾难无法避免!科马洛夫以英雄的气概走完了生命中最光辉灿烂的两个小时,在茫茫太空留下了一道闪光的印迹。科马洛夫被授予"苏联英雄"称号,在莫斯科竖立了纪念碑,月球背面的一座环形山也以他的名字命名。

3. 气闸舱"失职"

气闸舱是航天员进行出舱活动的"门",它的作用有两个:一是在打开舱门时可以防止飞船座舱内的气体完全丧失;二是调整航天员出舱前对低大气压的适应性。因为在气闸舱内,高低压环境之间有一个过渡,可以预防减压病发生。

1971年4月19日,苏联发射了人类第一个空间站——"礼炮1号",同年6月6日苏联"联盟2号"飞船从拜科努尔发射场发射升空,第2天就顺利地与"礼炮1号"空间站完成对接,3名航天员进站工作:指令长格奥尔基·多勃罗沃利斯基,随船工程师弗拉季斯拉夫·沃尔科夫和维克托·帕查耶夫。他们在空间站共停留23天18小时22分,进行了一系列天文观测、植物在失重条件下生长的实验和一些医学实验等方面的太空研究活动,获得了不少宝贵资料,工作得相当出色。对接期间,还两次将空间站的轨道抬高。在整个6月份,莫斯科电视台每天都有"礼炮1号"空间站的消息,并反复报道3名航天员在太空的活动情况,人们兴奋地等待着第一次在太空较长时间生活的航天员胜利归来。6月29日下午9时,3名航天员离开"礼炮1号"空间站返回地面。但3人都未穿航天服。飞船离开空间站飞行了4个多小时,始终保持着和地面的联系。6月30日1时

35分,飞船按程序启动制动火箭,尽管返回程序是正常的,返回舱也在降落伞减速下安然着陆,这表明飞船已顺利着陆,地面回收人员无比喜悦地奔向飞船,见一切完好无损,更是喜出望外。可是,当他们打开舱门时,却见3名航天员一动也不动,已没有生命的迹象了。

后来查明,3名航天员是因窒息而死的。这是由于返回舱内的气闸门漏气,在进入稠密大气层以前,空气漏光了。那么,气闸舱为什么会漏气呢?如果一直漏气,航天员在太空中就被窒息了(事实表明在4个小时的太空飞行时始终和地面保持着联系),问题出在返回程序的控制上,由于自动控制失灵,气闸门提前打开,故而空气跑光了。难道只有自动控制系统,而没有应急的手动控制系统吗?回答是肯定的,即应急手动控制是有的。但是经地面模拟试验发现,这里存在一个不应有的技术失误,那就是气闸门打开后,只要1分钟空气就会全部跑光,而要用手动再关上气闸门,最少也要两分钟,导致舱内迅速减压,航天员急性缺氧,体液沸腾而死亡!

这3位航天员:多勃罗沃利斯基曾任空军飞行团团长,1963年被选拔为航天员;帕查耶夫1955年毕业于林芝工业学院,后在中央大气实验室任工程师,1969年被选拔为航天员;沃尔科夫,莫斯科航空学院毕业,1966年被选拔为航天员,1969年10月作为随船工程师乘"联盟7号"飞船首次飞行,并与"联盟6号""联盟8号"实现编队飞行。

4. 血祭"挑战者"

"挑战者号"是美国航天飞机的骄子,从1981年4月到1986年1月,美国的4架航天飞机共飞行了25次,其中"挑战者号"就占了10次。

1986年1月28日,在美国肯尼迪航天中心的发射场上,挂满了冰凌的"挑战者号"航天飞机迎着凛冽的寒风,矗立在当年发射过"阿波罗"登月飞船的39号发射阵地上。由于天气出奇的寒冷,加上各种意外故障,航天飞机已连续数天推迟发射。尽管发射场气温偏低,气象条件对航天飞机的发射不是很有利,但发射人员似乎仍信心十足。发射前的倒计时进行得很顺利,没有出现任何异常现象。上午11时38分,随着倒计时的结束,火箭发出震耳欲聋的轰鸣声,背负着航天飞机宛如一条火龙腾空而起,直插天穹。顿时离发射台6.4千米的看台上1 000多名观看发射现场的观众掌声雷动,欢呼如潮。这是"挑战者号"自1983年4月4日首飞后的第10次飞行。

升空70秒钟时,地面指挥中心的电子计算机荧光屏上显示的各项数据都很正常,然而就在升空74.59秒时,碧空中猛然一声闷响,"挑战者号"顷刻间变成一团橘红色的大火球,碎片拖着火焰和浓烟四下飞散。两枚助推器完整地脱离火球,失去控制地向前飞去,竟向人口稠密区直冲下去,幸好控制中心人员眼明手快,通过遥控把它们提前引爆。否则后果更加不堪设想!燃烧着的航天飞机碎片像流星雨似地散落在大西洋广阔的海面上,持续了一个多小时。蓝天上突然出现的那一团火球和浓烟使成千上万的观众从最初感到茫然,接着意识到是发生了事故,开始时那种兴奋和热情已经化为乌有,人们被极度悲痛所包围着。特别是在麦考利夫执教的康科德中学的礼堂里,学生的哭泣声撕裂着每一个在场人士的心!

麦考利夫是此次升空的 7 名航天员中的一位,37 岁,是一位中学女教师,能够得到随"挑战者号"飞天的机会是十分不容易的,她是从 11 000 名应征教师中遴选出来的,将在飞行的第 4 天讲授两节"太空课",每节 15 分钟,将通过电视向美国几百万中学生作实况转播,尤其是麦考利夫执教的康科德中学和另一所中学,还同太空课堂建立了"热线电话",学生随时可向太空老师提问。麦考利夫还准备表演失重状态对磁力线、机械操作、植物生长及牛顿力学定律的影响,并将制成录像带向全美国发行。其余 6 名罹难的航天员是:弗朗西斯·斯科比,指令长,46 岁,1978 年被选拔为航天员,1984 年 4 月担任"挑战者号"航天飞机驾驶员,牺牲时为第二次太空飞行;迈克尔·史密斯,驾驶员,40岁,1980 年被选拔为航天员,牺牲时是他的第一次太空飞行;格雷戈·贾维斯,有效载荷专家,41 岁,曾是卫星设计工程师,不是专职航天员;埃利森·鬼冢,飞行任务专家,39 岁,美籍日本人,1978 年被选拔为航天员,1985 年 1 月作为飞行任务专家乘坐"发现号"航天飞机,牺牲时为第二次太空飞行;朱迪斯·雷斯尼克,飞行任务专家,36 岁,女,1978 年被选拔为首批女航天员,1984

年8月作为飞行任务专家乘"发现号"航天飞机第一次进入太空飞行,牺牲时为第二次太空飞行;罗纳德·麦克奈尔,飞行任务专家,1978年被选拔为航天员,1984年2月作为飞行任务专家乘"挑战者号"航天飞机第一次进入太空,牺牲时为第二次太空飞行。让我们牢记他们的英名,他们为航天事业、英勇献身的精神永垂不朽。世人为纪念他们,分别以他们的名字命名7颗小行星。

"挑战者号"失事的原因是:合成胶密封圈失效,使炽热的火焰从右侧固体火箭助推器下部两段之间逸出,导致事故发生。专家认为,"挑战者号"发射前,地面温度超过合成胶密封圈正常工作的环境范围是酿成这次灾难的直接原因。合成胶密封圈经弹性试验后得出结论:温度为10℃时就不能正常工作,4℃是它的最低工作环境温度。从统计资料来看,"挑战者号"的前9次发射,环境温度都在20℃以上,没有出现事故,而第10次"挑战者号"发射时,刚好有冷空气到来,最低气温曾降到−5.6℃,在如此低的温度下发射酿成大祸,成为当时载人航天史上最为惨重的灾难!

5. "哥伦比亚号"蒙难

2003年2月1日,对美国人来说本应是一个欢庆的日子,"哥伦比亚号"航天飞机完成了预定的16天飞行任务,今天就要胜利归来了。机长里克·赫斯本德等7名机组成员分成两组,

24 小时不间断地轮流着进行生物学、地球和空间科学、物理学以及新技术开发等科学研究和实验,终于到了满载而归的这一天。喜悦的心情洋溢在 7 名航天员的心田,但他们却丝毫没有察觉死神已经逼近!世界航天史上又一个黑暗的日子行将降临!

上午 9 时多,航天飞机已经进入美国得克萨斯州的上空,再过十几分钟就将在肯尼迪航天中心着陆,人们仰望天空不由得欢呼雀跃起来……然而,意外发生了,航天飞机出现火光,空中传来了巨大的爆炸声,"哥伦比亚号"分裂成几块,拖着浓烟坠向地面……

事故最早出现在上午 8 时 53 分(美国东部时间),航天飞机左机翼上的温度传感器失灵,5 分钟后左侧主起落架上的轮胎气压表也不再显示数据,地面控制中心紧急向航天飞机发问,几秒钟后所有通信联络中断,接着是轰隆巨响,爆炸声中"哥伦比亚号"分崩离析……载人航天史上的又一次灾难发生了!"哥伦比亚号"航天飞机在空中解体的画面反复出现在家家户户的电视屏幕上,全球为之悲痛!

其后的事故调查报告显示:"哥伦比亚号"发射升空 81.7 秒后,在其燃料箱外表面脱落的一块泡沫材料击中了航天飞机左翼前缘的热保护部件,出现了一条致命的裂缝。当"哥伦比亚号"重返大气层时,超高温气体从裂缝处进入机体,导致航天飞机解体,7 名航天员全部遇难。

让我们在心里牢牢记住这些航天英雄的名字,他们将流芳百世：机长里克·赫斯本德，45 岁，1994 年选拔为航天员；威廉·麦库尔，41 岁，1996 年选拔为航天员；迈克尔·安德森，43 岁，1994 年选拔为少数黑人航天员之一；卡尔帕娜·乔娜，女，41 岁，1994 年选拔为航天员；戴维·布朗，46 岁，1996 年选拔为航天员；劳雷尔·克拉克，女，41 岁，1996 年选拔为航天员；伊兰·拉蒙，48 岁，1997 年选拔为以色列首位航天员。

2003 年 8 月 6 日，NASA 决定，以"哥伦比亚号"航天飞机上的 7 名航天员的姓名来命名绕太阳运行，轨道位于火星和木星之间的 7 颗小行星。